电网企业员工安全技能实训教材

农电

国网泰州供电公司 组编

中国电力出版社
CHINA ELECTRIC POWER PRESS

内 容 提 要

《电网企业员工安全技能实训教材》丛书是按照国家电网有限公司生产技能人员标准化培训课程体系的要求，结合安全生产实际编写而成。本丛书共包括《通用安全基础》《变电运维》《变电检修》《输电运检》《配电运检》《不停电作业》《电力调度与自动化》《信息通信》《营销计量》《农电》10个分册。

本书为《电网企业员工安全技能实训教材　农电》分册，全书共6章，主要内容包括农电基本安全要求、作业现场标准化、低压电网运行维护、典型施工工艺及验收要点、故障及异常处理、事故典型防范措施及案例分析等。

本书可作为电网企业农电及相关专业作业人员和管理人员的安全技能指导书、培训教材及学习资料，也可作为高等院校、职业技术学校电力相关专业师生的自学用书与阅读参考书。

图书在版编目（CIP）数据

农电/国网泰州供电公司组编．—北京：中国电力出版社，2022.11

电网企业员工安全技能实训教材

ISBN 978-7-5198-7151-2

Ⅰ．①农…　Ⅱ．①国…　Ⅲ．①农村－电工技术－技术培训－教材　Ⅳ．①TM92

中国版本图书馆 CIP 数据核字（2022）第 222990 号

出版发行：中国电力出版社
地　　址：北京市东城区北京站西街 19 号（邮政编码 100005）
网　　址：http://www.cepp.sgcc.com.cn
责任编辑：周秋慧（010-63412627）
责任校对：黄　蓓　朱丽芳
装帧设计：张俊霞
责任印制：石　雷

印　　刷：三河市万龙印装有限公司
版　　次：2022 年 11 月第一版
印　　次：2022 年 11 月北京第一次印刷
开　　本：710 毫米×1000 毫米　16 开本
印　　张：11
字　　数：160 千字
印　　数：0001—1500 册
定　　价：58.00 元

编 写 委 员 会

序

无危则安，无损则全，安全生产事关人民福祉，事关经济社会发展大局，是广大人民群众最朴素的愿望，也是企业生产正常进行的最基本条件。电网企业守护万家灯火，保障安全是企业履行政治责任、经济责任和社会责任的根本要求。安全生产，以人为本，“人”是安全生产最关键的因素，也是最大的变量。作业人员安全意识淡薄、安全技能不足等问题，是导致各类安全事故发生的一个重要原因。百年大计，教育为本，提升作业人员安全素养，是保障电网安全发展的长久之策，一套面向基层一线的安全技能实训教材显得尤为迫切和重要。

当前，国家和政府安全监管日趋严格，安全生产法制化对电网企业安全管理提出了更高的要求。近年来，新能源大规模应用为主体的新型电力系统加快建设，电网形态不断发生着深刻的变化，也给电网企业安全管理带来了新的课题。为更好地支撑和指导电网企业员工和利益相关方安全教育培训工作，促进作业人员快速全面掌握核心安全技能理论知识，国网泰州供电公司组织修编了这套《电网企业员工安全技能实训教材》系列丛书。应老友邀请，我仔细品读，深感丛书理论性、创造性与实用性并具，是不可多得的安全培训工具书。

本丛书系统性强，专业特色鲜明，共包括《通用安全基础》通用教材及《变电运维》《变电检修》《输电运检》《配电运检》《不停电作业》《电力调度与自动化》《信息通信》《营销计量》《农电》9 本专业教材。《通用安全基础》涵盖安全理论、公共安全、应急技能等内容，9 本专业教材根据专业特点量身打造，囊括了安全组织措施和技术措施、两票的填写和使用、专业施工机具及安全工器具、现场安全标准化作业等内容。通用教材是专业教材的基础，专业教材是通用教材的延伸，两类教材互为补充，成为一个有机的整体，给电网企业员工提供了更系统的概念和更丰富的选择。

本丛书实用性强，内容生动翔实，国网泰州供电公司组建的编写团队，由注册安全工程师、安全管理专家、专业技术骨干、作业层精英等人员组成，具备本专业长期现场工作经历。他们从自身工作角度出发，紧密贴合现场管理实际，精准把握一线员工安全培训需求，全面总结了安全管理的概念和要点、标准和流程，提出了满足现场需要的安全管理方法和手段，针对高处作业、动火作业、有限空间作业等典型场景，专题强化安全注意事项，并选用大量的典型违章和事故案例进行分析说明，内容全面丰富、重点突出，使本套教材更易被一线员工接受，使安全培训取得应有的成效。

本丛书指导性强，理论结构严谨，编写团队对标先进、学习经验，经过广泛的调研和深入的讨论，针对电力行业特点，创新构建了包含安全理论、公共安全、通用安全、专业安全、应急技能的“五维安全能力”模型，提出了员工岗位安全培训需求矩阵，描绘了不同岗位员工系统性业务技能和安全培训需求。本丛书还参照院校学分制绘制了安全技能知识图谱，结构化设置知识点，为其在各类安全技能培训班中有效应用提供了指导。

本丛书在编写过程中坚持试点先行，《通用安全基础》和《配电运检》两本教材于 2020 年底先期成稿，试用于国网泰州供电公司 2021 年配电专业安全轮训班，累计培训 3000 余人次，取得了良好的成效，得到了参培人员的一致好评。在此基础上，编写组历时两年编制完成了其余 8 本专业教材。

本丛书的出版，是电网企业在自主安全教育培训方面的一次全新的探索和尝试，具有重要的意义。“知安全才能重安全，懂安全才能保安全”，相信本丛书必将对电网企业安全技能培训工作的开展和员工安全素养的提升做出长远的贡献，也可以作为高校教师及学生了解电力检修施工现场安全管理的参考资料。

与书本为友，享安全同行。

东南大学电气工程学院院长、教授 赵剑锋

2022 年 7 月

前言

安全生产是企业的生命线，安全教育培训是电网企业安全发展的重要保障。随着电网技术快速发展、新业务新业态不断革新、作业管理方式持续转变，传统的电力安全培训教材系统性、针对性不强，内容亟须更新。为总结电网企业在安全生产方面取得的新成果，进一步提高电网企业生产技能人员的安全技术水平和安全素养，为电网企业安全生产提供坚强保障，国网泰州供电公司按照国家电网有限公司生产技能人员标准化培训课程体系的要求，结合安全生产实际，组织编写了《电网企业员工安全技能实训教材》丛书，包括《通用安全基础》《变电运维》《变电检修》《输电运检》《配电运检》《不停电作业》《电力调度与自动化》《信息通信》《营销计量》《农电》10 个分册。

本丛书以国家有关的法律、法规和电力部门的规程、规范为基础，着重阐述了电力安全生产的基本理论、基本知识和基本技能，从公共安全、通用安全、专业安全、应急技能等方面，全面、系统地构建电力安全技能培训体系。本丛书精准把握现场一线员工安全培训需求，结构化设置知识点，可作为电网企业生产作业人员和管理人员的安全技能培训教材。

本书为《电网企业员工安全技能实训教材　农电》分册，全书共 6 章：

第 1 章为基本安全要求。介绍了农电专业作业现场的基本条件、作业人员的基本条件，不同作业类型需掌握的安全知识技能等。介绍了保证安全的组织措施、技术措施，作业现场安全管控要求措施，工作票的填写、签发及使用要求。

第 2 章为作业现场标准化。介绍了农电生产作业工作流程，逐项分解流程中作业计划、作业准备、作业实施等各环节安全工作主要内容及其管控要求。

第 3 章为低压电网运行维护。介绍了农村低压电网运行维护工作职责标准，提高设备健康水平，确保农村低压电网安全可靠运行。

第 4 章为典型施工工艺及验收要点。介绍了农村低压电网规划、设计和建设标准，统一施工工艺要求。

第 5 章为故障及异常处理。介绍了故障及异常处理的典型做法及现场应急处置流程，以及故障处置的技术措施和管理措施。

第 6 章为事故典型防范措施及案例分析。从管理、技术、组织等方面提出了防范较大及以上人身伤害事故的基本要求，选取 10 个典型的事故案例，分析事故发生的原因和预防对策。

本丛书由国网泰州供电公司组织编写，卜荣、徐国栋担任主编，统筹负责整套丛书的策划组织、方案制定、编写指导和审核定稿。公司各专业部门和单位具体承担编写任务，本书的统筹策划由副主编祁晖、秦志军、王进、卢仁军负责，第 1 章由戚尧编写，第 2 章由龚光天编写，第 3 章由王红喜、徐渠编写，第 4 章由文韬编写，第 5 章由杨杰编写，第 6 章由戚尧、龚光天编写，马越、毕建勋、杜庆斌、燕鑫炜负责审核统稿。本书编写过程中，有关专家、学者通过线上、线下等方式提出了宝贵修改建议与意见，在此表示由衷感谢。

由于编写人员水平有限，书中难免存在不妥或疏漏之处，恳请广大读者批评指正。

编　者

2022 年 7 月

目录

第1章　基本安全要求

本章主要介绍农电专业的基础安全知识。首先介绍农电作业的一般性安全要求，包括作业现场的基本条件、作业人员的基本条件，不同作业类型需掌握的安全知识技能等。随后介绍作业现场在电气设备上工作保证安全的组织措施、技术措施，作业现场安全管控要求措施，工作票的填写、签发及使用要求。

1.1　一般安全要求

1.1.1　作业基本条件

1.1.1.1　作业人员

（1）经医师鉴定，无妨碍工作的病症（体格检查每两年至少一次，参加高处作业的人员应每年进行一次体检）。

（2）具备必要的安全生产知识，学会紧急救护法，特别要学会触电急救。

（3）接受相应的安全生产知识教育和岗位技能培训，掌握配电作业必备的电气知识和业务技能，并按工作性质，熟悉《国家电网公司电力安全工作规程（配电部分）（试行）》（简称《配电安规》）的相关部分，经考试合格后上岗。

（4）参与公司系统所承担电气工作的外单位或外来人员应熟悉《配电安规》；经考试合格，并经设备运维管理单位认可后，方可参加工作。

（5）作业人员应被告知其作业现场和工作岗位存在的危险因素、防范措施及事故紧急处理措施。作业前，设备运维管理单位应告知现场电气设备接线情况、危险点和安全注意事项。

（6）进入作业现场应正确佩戴安全帽，现场作业人员还应穿全棉长袖工作服、绝缘鞋。

（7）作业人员对《配电安规》应每年考试一次。因故间断电气工作连续三个月及以上者，应重新学习《配电安规》，并经考试合格后，方可恢复工作。

（8）新参加电气工作的人员、实习人员和临时参加劳动的人员（管理人员、非全日制用工等），应经过安全生产知识教育后，方可下现场参加指定的工作，并且不得单独工作。

1.1.1.2 低压线路和设备

（1）在绝缘导线所有电源侧及适当位置（如支接点、耐张杆处等），应装设验电接地环或其他验电、接地装置。

（2）低压设备的操动机构上应有中文操作说明和状态指示。

（3）低压设备接地电阻应合格。

（4）低压电缆分支箱等箱式配电设备宜装设验电、接地装置。

1.1.1.3 作业现场

（1）作业现场的生产条件和安全设施等应符合有关标准、规范的要求，作业人员的劳动防护用品应合格、齐备。

（2）经常有人工作的场所及施工车辆上宜配备急救箱，存放急救用品，并应指定专人经常检查、补充或更换。

（3）电缆孔洞，应用防火材料严密封堵。

1.2 保证安全工作的组织措施

在低压电气设备上工作，保证安全的组织措施有现场勘察制度、工作票制度、工作许可制度、工作监护制度、工作间断、转移制度、工作终结制度。

1.2.1 现场勘察制度

（1）工作票签发人或工作负责人应根据工作任务组织现场勘察，并填写现场勘察记录（见附录A）。

（2）现场勘察应由工作票签发人或工作负责人组织，工作负责人、设备运维管理单位（用户单位）和检修（施工）单位相关人员参加。对涉及多专业、多部门、多单位的作业项目，应由项目主管部门、单位组织相关人员共同参与。

（3）现场勘察应查看检修（施工）作业需要停电的范围、保留的带电部位、装设接地线的位置、邻近线路、交叉跨越、多电源、自备电源、地下管线设施和作业现场的条件、环境及其他影响作业的危险点，并提出针对性的安全措施和注意事项（见附录B）。

（4）现场勘察后，现场勘察记录应送交工作票签发人、工作负责人及相关各方，作为填写、签发工作票等的依据。

（5）开工前，工作负责人或工作票签发人应重新核对现场勘察情况，发现与原勘察情况有变化时，应及时修正、完善相应的安全措施。

1.2.2 工作票制度

1.2.2.1 在低压线路和设备上工作

在低压线路和设备上工作，可按下列方式进行：

（1）填用低压工作票。

（2）填用配电故障紧急抢修单。

（3）使用其他书面记录或按口头、电话命令执行。

1.2.2.2 工作票所列人员的基本条件

（1）工作票签发人应由熟悉人员技术水平、熟悉配电网络接线方式、熟悉设备情况、熟悉《配电安规》，并具有相关工作经验的生产领导、技术人员或经本单位批准的人员担任，名单应公布。

（2）工作负责人应由有本专业工作经验、熟悉工作范围内的设备情况、熟悉《配电安规》，并经工区（车间，下同）批准的人员担任，名单应公布。

（3）工作许可人应由熟悉配电网络接线方式、熟悉工作范围内的设备情况、熟悉《配电安规》，并经工区批准的人员担任，名单应公布。工作许可人包括值班调控人员、运维人员、相关变配电站（含用户变配电站）和发电厂运维人员、配合停电线路许可人及现场许可人等。

（4）专责监护人应由具有相关专业工作经验，熟悉工作范围内的设备情况和《配电安规》的人员担任。

1.2.2.3　工作票所列人员的安全责任

1．工作票签发人

（1）确认工作必要性和安全性。

（2）确认工作票上所列安全措施正确完备。

（3）确认所派工作负责人和工作班成员适当、充足。

2．工作负责人

（1）正确组织工作。

（2）检查工作票所列安全措施是否正确完备，是否符合现场实际条件，必要时予以补充完善。

（3）工作前，对工作班成员进行工作任务、安全措施交底和危险点告知，并确认每个工作班成员都已签名。

（4）组织执行工作票所列由其负责的安全措施。

（5）监督工作班成员遵守《配电安规》，正确使用劳动防护用品和安全工器具以及执行现场安全措施。

（6）关注工作班成员身体状况和精神状态是否出现异常迹象，人员变动是否合适。

3．工作许可人

（1）审票时，确认工作票所列安全措施是否正确完备，对工作票所列内容发生疑问时，应向工作票签发人询问清楚，必要时予以补充。

（2）保证由其负责的停、送电和许可工作的命令正确。

（3）确认由其负责的安全措施正确实施。

4．专责监护人

（1）明确被监护人员和监护范围。

（2）工作前，对被监护人员交代监护范围内的安全措施、告知危险点和安全注意事项。

（3）监督被监护人员遵守《配电安规》和执行现场安全措施，及时纠正被监护人员的不安全行为。

5．工作班成员

（1）熟悉工作内容、工作流程，掌握安全措施，明确工作中的危险点，并在工作票上履行交底签名确认手续。

（2）服从工作负责人（监护人）、专责监护人的指挥，严格遵守《配电安规》和劳动纪律，在指定的作业范围内工作，对自己在工作中的行为负责，互相关心工作安全。

（3）正确使用施工机具、安全工器具和劳动防护用品。

1.2.3 工作许可制度

（1）各工作许可人应在完成工作票所列由其负责的停电和装设接地线等安全措施后，方可发出许可工作的命令。

（2）值班调控人员、运维人员在向工作负责人发出许可工作的命令前，应记录工作班组名称、工作负责人姓名、工作地点和工作任务。

（3）现场办理工作许可手续前，工作许可人应与工作负责人核对线路名称、设备双重名称，检查核对现场安全措施，指明保留带电部位。

（4）填用低压工作票的工作，应得到全部工作许可人的许可，并由工作负责人确认工作票所列当前工作所需的安全措施全部完成后，方可下令开始工作。所有许可手续（工作许可人姓名、许可方式、许可时间等）均应记录在工作祟上。

（5）在用户设备上工作，许可工作前，工作负责人应检查确认用户设备的运行状态、安全措施符合作业的安全要求。作业前检查多电源和有自备电源的用户已采取机械或电气联锁等防反送电的强制性技术措施。

（6）许可开始工作的命令，应通知工作负责人。其方法可采用：

1）当面许可。工作许可人和工作负责人应在工作票上记录许可时间，并分别签名。

2）电话许可。工作许可人和工作负责人应分别记录许可时间和双方姓名，复诵核对无误。

（7）工作负责人、工作许可人任何一方不得擅自变更运行接线方式和安全措施，工作中若有特殊情况需要变更时，应先取得对方同意，并及时恢复，变更情况应及时记录在值班日志或工作票上。

（8）禁止约时停、送电。

1.2.4 工作监护制度

（1）工作许可后，工作负责人、专责监护人应向工作班成员交代工作内容、人员分工、带电部位和现场安全措施，告知危险点，并履行签名确认手续，方可下达开始工作的命令。

（2）工作负责人、专责监护人应始终在工作现场。

（3）检修人员（包括工作负责人）不宜单独进入或滞留在高压配电室、开闭所等带电设备区域内。若工作需要（如测量极性、回路导通试验、光纤回路检查等），而且现场设备允许时，可以准许工作班中有实际经验的一个人或几人同时在他室进行工作，但工作负责人应在事前将有关安全注意事项予以详尽的告知。

（4）工作票签发人、工作负责人对有触电危险、检修（施工）复杂容易发生事故的工作，应增设专责监护人，并确定其监护的人员和工作范围。

专责监护人不得兼做其他工作。专责监护人临时离开时，应通知被监护人员停止工作或离开工作现场，待专责监护人回来后方可恢复工作。专责监护人需长时间离开工作现场时，应由工作负责人变更专责监护人，履行变更手续，并告知全体被监护人员。

（5）工作期间，工作负责人若需暂时离开工作现场，应指定能胜任的人员临时代替，离开前应将工作现场交代清楚，并告知全体工作班成员。原工作负责人返回工作现场时，也应履行同样的交接手续。工作负责人若需长时间离开工作现场时，应由原工作票签发人变更工作负责人，履行变更手续，并告知全体工作班成员及所有工作许可人。原、现工作负责人应履行必要的交接手续，并在工作票上签名确认。

（6）工作班成员的变更，应经工作负责人的同意，并在工作票上做好变更记录；中途新加入的工作班成员，应由工作负责人、专责监护人对其进行安全交底并履行确认手续。

1.2.5 工作间断、转移制度

（1）工作中，遇雷、雨、大风等情况威胁到工作人员的安全时，工作负责人或专责监护人应下令停止工作。

（2）工作间断，若工作班离开工作地点，应采取措施或派人看守，不让人、畜接近挖好的基坑或未竖立稳固的杆塔以及负载的起重和牵引机械装置等。

（3）工作间断，工作班离开工作地点，若接地线保留不变，恢复工作前应检查确认接地线完好；若接地线拆除，恢复工作前应重新验电、装设接地线。

（4）使用同一张工作票依次在不同工作地点转移工作时，若工作票所列的安全措施在开工前一次做完，则在工作地点转移时不需要再分别办理许可手续；若工作票所列的停电、接地等安全措施随工作地点转移，则每次转移均应分别履行工作许可、终结手续，依次记录在工作票上，并填写使用的接地线编号、装拆时间、位置等随工作地点转移情况。工作负责人在转移工作地点时，应逐一向工作人员交代带电范围、安全措施和注意事项。

（5）一条低压线路分区段工作，若填用一张工作票，经工作票签发人同意，在线路检修状态下，由工作班自行装设的接地线等安全措施可分段执行。工作票上应填写使用的接地线编号、装拆时间、位置等随工作区段转移情况。

1.2.6 工作终结制度

（1）工作完工后，应清扫整理现场，工作负责人（包括小组负责人）应检查工作地段的状况，确认工作的低压设备和低压线路的杆塔、导线、绝缘子及其他辅助设备上没有遗留个人保安线和其他工具、材料，查明全部工作人员确由线路、设备上撤离后，再命令拆除由工作班自行装设的接地线等安全措施。接地线拆除后，任何人不得再登杆工作或在设备上工作。

（2）工作地段所有由工作班自行装设的接地线拆除后，工作负责人应及时向相关工作许可人（含配合停电线路、设备许可人）报告工作终结。

（3）多小组工作，工作负责人应在得到所有小组负责人工作结束的汇报后，方可与工作许可人办理工作终结手续。

（4）工作终结报告应当面报告，或通过电话报告并经复诵无误。

（5）工作终结报告应简明扼要，主要包括下列内容：工作负责人姓名，某线路（设备）上某处（说明起止杆塔号、分支线名称、位置称号、设备双重名称等）工作已经完工，所修项目、试验结果、设备改动情况和存在问题等，工作班自行装设的接地线已全部拆除，线路（设备）上已无本班组工作人员和遗留物。

（6）工作许可人在接到所有工作负责人（包括用户）的终结报告，并确认所有工作已完毕，所有工作人员已撤离，所有接地线已拆除，与记录簿核对无误并做好记录后，方可下令拆除各侧安全措施。

1.3 保证安全的技术措施

在低压线路和设备上工作时，保证安全的技术措施有停电、验电、接地、悬挂标示牌和装设遮栏（围栏）。

1.3.1 停电

（1）工作地点应停电的线路和设备。

1）检修、施工与试验的低压线路或设备。

2）与检修低压线路、设备相邻且安全距离小于表 1-1 规定的运行线路或设备。

表 1-1 作业人员工作中正常活动范围与高压线路、设备带电部分的安全距离

电压等级（kV）	安全距离（m）
10 及以下	0.35
20、35	0.60

3）与检修低压线路、设备相邻且安全距离大于表 1-1、小于表 1-2 规定且无绝缘遮蔽或安全遮栏措施的设备。

表 1-2　　设备不停电时的安全距离

电压等级（kV）	安全距离（m）
10 及以下	0.70
20、35	1.00

4）危及线路停电作业安全，且不能采取相应安全措施的交叉跨越、平行或同杆（塔）架设线路。

5）工作地段内有可能反送电的各分支线（包括用户，下同）。

6）其他需要停电的线路或设备。

（2）低压线路和设备检修，应断开所有可能来电的电源（包括解开电源侧和用户侧连接线），对工作中有可能触碰的相邻带电线路、设备应采取停电或绝缘遮蔽措施。

（3）可直接在地面操作的断路器（开关）、隔离开关（刀闸）的操动机构应加锁；不能直接在地面操作的断路器（开关）、隔离开关（刀闸）应悬挂“禁止合闸，有人工作！”或“禁止合闸，线路有人工作！”的标示牌。

1.3.2　验电

（1）低压配电线路和设备停电后，检修或装表接电前，应在与停电检修部位或表计电气上直接相连的可验电部位验电。

（2）对无法直接验电的设备，应间接验电，即通过设备的机械位置指示、电气指示、带电显示装置、仪表及各种遥测、遥信等信号的变化来判断。判断时，至少应有两个非同样原理或非同源的指示发生对应变化且所有这些确定的指示均已同时发生对应变化，方可确认该设备已无电压。检查中若发现其他任何信号有异常，均应停止操作，并查明原因。

1.3.3　接地

（1）当验明检修的低压配电线路、设备确已无电压后，至少应采取以下措施之一防止反送电：

1）所有相线和零线接地并短路。

2）绝缘遮蔽。

3）在断开点加锁、悬挂“禁止合闸，有人工作！”或“禁止合闸，线路有人工作！”的标示牌。

（2）配合停电的交叉跨越或邻近线路，在线路的交叉跨越或邻近处附近应装设一组接地线。配合停电的同杆（塔）架设线路装设接地线要求与检修线路相同。

（3）装设、拆除接地线应有人监护。

（4）在低压线路和设备上，接地线的装设部位应是与检修线路和设备电气直接相连去除油漆或绝缘层的导电部分。绝缘导线的接地线应装设在验电接地环上。

（5）禁止作业人员擅自变更工作票中指定的接地线位置，若需变更，应由工作负责人征得工作票签发人或工作许可人同意，并在工作票上注明变更情况。

（6）作业人员应在接地线的保护范围内作业。禁止在无接地线或接地线装设不齐全的情况下进行高压检修作业。

（7）装设、拆除接地线均应使用绝缘棒并戴绝缘手套，人体不得碰触接地线或未接地的导线。

（8）装设的接地线应接触良好、连接可靠。装设接地线应先接接地端、后接导体端，拆除接地线的顺序与此相反。

（9）装设同杆（塔）架设的多层电力线路接地线，应先装设低压、后装设高压，先装设下层、后装设上层，先装设近侧、后装设远侧。拆除接地线的顺序与此相反。

（10）对于因交叉跨越、平行或邻近带电线路、设备导致检修线路或设备可能产生感应电压时，应加装接地线或使用个人保安线，加装（拆除）的接地线应记录在工作票上，个人保安线由作业人员自行装拆。

（11）成套接地线应由有透明护套的多股软铜线和专用线夹组成，接地线截面积应满足装设地点短路电流的要求，低压接地线和个人保安线的截面积不得小于 $16mm^2$。接地线应使用专用的线夹固定在导体上，禁止用缠绕的方法接地或短路。禁止使用其他导线接地或短路。

（12）杆塔无接地引下线时，可采用截面积大于 190mm^2（如ϕ16 圆钢）、地下深度大于 0.6m 的临时接地体。土壤电阻率较高地区，如岩石、瓦砾、沙土等，应采取增加接地体根数、长度、截面积或埋地深度等措施改善接地电阻。

（13）接地线、接地开关与检修设备之间不得连有断路器（开关）或熔断器。若由于设备原因，接地开关与检修设备之间连有断路器（开关），在接地开关和断路器（开关）合上后，应有保证断路器（开关）不会分闸的措施。

（14）低压配电设备、低压电缆、集束导线停电检修，无法装设接地线时，应采取绝缘遮蔽或其他可靠隔离措施。

1.3.4 使用个人保安线

（1）工作地段如有邻近、平行、交叉跨越及同杆塔架设线路，为防止停电检修线路上感应电压伤人，在需要接触或接近导线工作时，应使用个人保安线。

（2）个人保安线应在杆塔上接触或接近导线的作业开始前挂接，作业结束脱离导线后拆除。装设时，应先接接地端，后接导线端，且接触良好，连接可靠。拆个人保安线的顺序与此相反。个人保安线由作业人员负责自行装、拆。

（3）个人保安线应使用有透明护套的多股软铜线，截面积不得小于 16mm^2，且应带有绝缘手柄或绝缘部件。严禁用个人保安线代替接地线。

（4）在杆塔或横担接地通道良好的条件下，个人保安线接地端允许接在杆塔或横担上。

1.3.5 悬挂标示牌和装设遮栏（围栏）

（1）在工作地点或检修的低压设备上悬挂“在此工作！”标示牌。

（2）工作地点有可能误登、误碰的邻近带电设备，应根据设备运行环境悬挂“止步，高压危险！”等标示牌。

（3）在一经合闸即可送电到工作地点的断路器（开关）和隔离开关（刀闸）的操作处或机构箱门锁把手上及熔断器操作处，应悬挂“禁止合闸，有人工作！”标示牌；若线路上有人工作，应悬挂“禁止合闸，线路有人工作！”标示牌。

（4）低压开关（熔丝）拉开（取下）后，应在适当位置悬挂“禁止合闸，有人工作！”或“禁止合闸，线路有人工作！”标示牌。

（5）城区、人口密集区或交通道口和通行道路上施工时，工作场所周围应装设遮栏（围栏），并在相应部位装设警告标示牌。必要时，派人看管。

（6）禁止越过遮栏（围栏）。

（7）禁止作业人员擅自移动或拆除遮栏（围栏）、标示牌。因工作原因需短时移动或拆除遮栏（围栏）、标示牌时，应有人监护。完毕后应立即恢复。

1.4 工作票的填写、签发与使用

1.4.1 分类与使用范围

（1）农电工作票种类包括：

1）低压工作票。

2）配电故障紧急抢修单。

（2）使用范围。

1）填用低压工作票的工作为：低压配电工作，不需要将高压线路、设备停电或做安全措施者。400V及以下接户线、装表接电等带电作业。

2）填用配电故障紧急抢修单的工作为：低压线路、设备故障紧急抢修工作。低压故障紧急抢修原则上指隔离故障点，尽快恢复运行。

1.4.2 填写与签发（见附录C）

（1）工作票原则上用计算机填写，特殊情况下也可手工填写。工作票中所有手写内容应使用黑色或蓝色的钢（水）笔或圆珠笔，字迹清楚。如有个别错字需要修改，应将错误内容划上双删除线“＝”，在旁边写上正确的字（不得使用修正液），做到被改和改后的字迹清楚，不得将要改的字全部涂黑或擦去。如果补充个别漏字，在补漏处用“∧”符号，并在下面添加遗漏的字。

（2）需要现场勘察的工作，填写工作票时应以现场勘察记录为依据。

（3）工作票必要时应绘图说明，用虚线框标注工作地段，标明接地线装设位置，用红色标出带电线路、设备及部位。如现场勘察记录中已绘图说明，在工作票中不再重复绘图。

（4）工作票由工作负责人填写，也可由工作票签发人填写。一张工作票中，工作票签发人、工作许可人不得兼任工作负责人。

（5）填写工作票时，应将所有工作班成员姓名全部填写，然后注明“共×人”（不包括工作负责人）。参与该项工作的临时工、厂家人员等其他人员也应纳入“工作班人员”管理。一张工作票几个小组同时工作，使用工作任务单时，工作票的工作班成员栏内，可只填写各工作任务单的小组负责人姓名等多少人。工作任务单上应填写本工作小组所有人员姓名。

（6）填写工作票时，线路及设备应注明电压等级、双重名称，工作地点、工作任务、安全措施等应填写完整。同一张工作票多点工作，不同工作地点的工作应分栏填写。工作内容应明确具体、术语规范。

（7）在同一时间内，工作负责人、工作班成员不得重复出现在执行中的不同工作票上。如果需要部分工作班成员参与其他工作，应按规定办理工作班成员变更手续。

（8）工作票中填写的时间必须用阿拉伯数字填写。年份使用四位数字，月、日、时、分使用双位数字和24小时制。

（9）一回线路检修（施工），邻近或交叉的其他电力线路需配合停电和接地时，应在工作票中列入相应的安全措施。

（10）填写工作票时，所有栏目不得空白，若没有内容应填“无”。

（11）对同一个工作日、相同安全措施的多条低压配电线路或设备上的工作，可使用一张低压工作票。

（12）工作票应由工作票签发人审核，手工或电子签发后方可执行。应在工作前一天送达设备运维管理单位。

（13）承发包工程，工作票应实行双签发，由检修（施工）单位签发人签发，设备运维管理单位（中心、部门、工区等）签发人会签。签发工作票时，双方工作票签发人在工作票上分别签名，各自承担相应的安全责任。

1）检修（施工）单位签发人对工作必要性和安全性、工作票上所填安全措施是否正确完备、所派工作负责人和工作班人员是否适当和充足负责。

2）设备运维管理单位签发人对工作必要性和安全性、运维单位需做安全措施是否正确完备负责。

3）检修（施工）单位的工作票签发人和工作负责人名单应事先送设备运维管理单位备案。

（14）劳务分包单位人员不得担任工作票签发人、工作负责人。

（15）工作票中以下内容不得涂改：

1）工作地点。

2）线路名称、设备双重名称。

3）接地线装设地点、编号。

4）计划工作时间、许可开始工作时间、接地线装时间、接地线拆除时间、工作延期时间、工作终结时间等所有时间。

5）操作“动词”（“拉开”“合上”“装设”“拆除”等）。

（16）供电单位或施工单位在用户电气设备上工作，必须同样执行工作票、工作许可和验电接地制度。

1.5　施工机具的使用、保管、检查和试验

1.5.1　一般要求

（1）作业人员应了解机具（施工机具、电动工具）及安全工器具相关性能，熟悉其使用方法。

（2）现场使用的机具、安全工器具应经检验合格。

（3）机具的各种监测仪表以及制动器、限位器、安全阀、闭锁机构等安全装置应完好。

（4）机具在运行中不得进行检修或调整。禁止在运行中或未完全停止的情况下清扫、擦拭机具的转动部分。

（5）检修动力电源箱的支路开关、临时电源都应加装剩余电流动作保护装置。剩余电流动作保护装置应定期检查、试验、测试动作特性。

（6）机具和安全工器具应统一编号，专人保管。入库、出库、使用前应检查。禁止使用损坏、变形、有故障等不合格的机具和安全工器具。

（7）自制或改装以及主要部件更换或检修后的机具，应按其用途依据国家相关标准进行型式试验，经鉴定合格后方可使用。

1.5.2 施工机具使用和检查

1.5.2.1 绞磨

（1）绞磨应放置平稳，锚固应可靠，受力前方不得有人，锚固绳应有防滑动措施，并可靠接地。

（2）作业前应检查和试车，确认安置稳固、运行正常、制动可靠后方可使用。

（3）作业时禁止向滑轮上套钢丝绳，禁止在卷筒、滑轮附近用手触碰运行中的钢丝绳，禁止跨越行走中的钢丝绳，禁止在导向滑轮的内侧逗留或通过。

1.5.2.2 抱杆

（1）选用抱杆应进行负荷校核。

（2）独立抱杆至少应有四根缆风绳，人字抱杆至少应有两根缆风绳并有限制腿部开度的控制绳。所有缆风绳均应固定在牢固的地锚上，必要时经校验合格。

（3）抱杆基础应平整坚实、不积水。在土质疏松的地方，抱杆脚应用垫木垫牢。

（4）缆风绳与抱杆顶部及地锚的连接应牢固可靠；缆风绳与地面的夹角一般应小于45°；缆风绳与架空输电线路及其他带电体的安全距离符合规定。

1.5.2.3 卡线器

卡线器的规格、材质应与线材的规格、材质相匹配。不得使用有裂纹、弯曲、转轴不灵活或钳口斜纹磨平等缺陷的卡线器。

1.5.2.4 放线架

放线架应支撑在坚实的地面上，松软地面应采取加固措施。放线轴与导线伸展方向应垂直。

1.5.2.5 地锚

（1）地锚的分布和埋设深度，应根据现场所用地锚用途和周围土质设置。

（2）禁止使用弯曲和变形严重的钢质地锚。

（3）禁止使用出现横向裂纹以及有严重纵向裂纹或严重损坏的木质锚桩。

1.5.2.6 链条（手扳）葫芦

（1）使用前应检查吊钩、链条、转动装置及制动装置，吊钩、链轮或倒卡变形以及链条磨损达到直径的10%时，禁止使用。制动装置禁止沾染油脂。

（2）起重链不得打扭，也不得拆成单股使用。

（3）两台及两台以上链条葫芦起吊同一重物时，重物的质量应小于每台链条葫芦的允许起重量。

（4）使用中发生卡链情况，应将重物垫好后方可检修。

1.5.2.7 钢丝绳

（1）钢丝绳应定期浸油，遇有下列情况之一者应报废：

1）钢丝绳在一个节距中有表1-3规定的断丝数者。

表1-3　钢丝绳报废断丝数

安全系数	钢丝绳结构					
	6×19+1		6×37+1		6×61+1	
	一个节距中的断丝数（根）					
	交互捻	同向捻	交互捻	同向捻	交互捻	同向捻
<6	12	6	22	11	36	18
6～7	14	7	26	13	38	19
>7	16	8	30	15	40	20

注　一个节距是指每股钢丝绳缠绕一周的轴向距离。

2）钢丝绳的钢丝磨损或腐蚀达到钢丝绳实际直径比其公称直径减少7%或更多者。

3）钢丝绳受过严重退火或局部电弧烧伤者。

4）绳芯损坏或绳股挤出者。

5）笼状畸形、严重扭结或弯折者。

6）钢丝绳压扁变形及表面毛刺严重者。

7）钢丝绳断丝数量不多，但断丝快速增加者。

（2）插接的环绳或绳套，其插接长度应大于钢丝绳直径的15倍，且不得小于300mm。新插接的钢丝绳套应做125%允许负荷的抽样试验。

（3）通过滑轮及卷筒的钢丝绳不得有接头。

1.5.2.8 合成纤维吊装带

（1）合成纤维吊装带使用应避免与尖锐棱角接触，若无法避免应装设护套。

（2）吊装带用于不同承重方式时，应严格按照标签给予的定值使用。

（3）禁止使用外部护套破损显露出内芯的合成吊装带。

1.5.2.9 纤维绳（麻绳）

（1）禁止使用出现松股、散股、断股、严重磨损的纤维绳。纤维绳（麻绳）有霉烂、腐蚀、损伤者不得用于起重作业。

（2）机械驱动时禁止使用纤维绳。

（3）切断绳索时，应先将预定切断的两边用软钢丝扎结，以免切断后绳索松散，断头应编结处理。

1.5.2.10 滑车及滑车组

（1）滑车及滑车组使用前应检查，禁止使用有裂纹、轮沿破损等情况的滑轮。

（2）使用的滑车应有防止脱钩的保险装置或封口措施。使用开门滑车时，应将开门勾环扣紧，防止绳索自动跑出。

（3）滑车不得拴挂在不牢固的结构物上。拴挂固定滑车的桩或锚应埋设牢固可靠。

（4）若使用的滑车有可能着地，则应在滑车底下垫以木板，防止垃圾窜入滑车。

1.5.2.11 棘轮紧线器

（1）使用前应检查吊钩、钢丝绳、转动装置及换向爪，吊钩、棘轮或换向爪磨损达10%者禁止使用。各连接部位出现松动或钢丝绳有断丝、锈蚀、退火等情况时禁止使用。

（2）操作时，操作人员不得站在棘轮紧线器正下方。

1.5.3 施工机具保管和试验

（1）施工机具应有专用库房存放，库房要保持干燥、经常通风。

（2）施工机具应定期维护、保养。施工机具的转动和传动部分应保持润滑。

（3）施工机具应定期按标准试验。

1.6 安全工器具的使用、保管、检查和试验

1.6.1 安全工器具分类

安全工器具分为个体防护装备、绝缘安全工器具、登高工器具、安全围栏（网）和标示牌四大类。

1.6.1.1 个体防护装备

个体防护装备是指保护人体避免受到急性伤害而使用的安全用具，包括安全帽、防护眼镜、自吸过滤式防毒面具、正压式消防空气呼吸器、安全带、安全绳、连接器、速差自控器、导轨自锁器、缓冲器、安全网、个人保安线、SF_6气体检漏仪、含氧量测试仪及有害气体检测仪等。

1.6.1.2 绝缘安全工器具

绝缘安全工器具分为基本绝缘安全工器具、带电作业安全工器具和辅助绝缘安全工器具。

1.6.1.3 登高工器具

登高工器具是用于登高作业、临时性高处作业的工具，包括脚扣、升降板（登高板）、梯子、快装脚手架及检修平台等。

1.6.1.4 安全围栏（网）和标示牌

安全围栏（网）包括用各种材料做成的安全围栏、安全围网和红布幔，标示牌包括各种安全警告牌、设备标示牌、锥形交通标、警示带等。

1.6.2 安全工器具的保管

1.6.2.1 橡胶塑料类安全工器具

橡胶塑料类安全工器具应存放在干燥、通风、避光的环境下，存放时离地面和墙壁20cm以上，离发热源1m以上，避免阳光、灯光或其他光源直射，避免雨雪浸淋，防止挤压、折叠和尖锐物体碰撞，严禁与油、酸、碱或其他腐蚀性物品存放在一起。

1.6.2.2 环氧树脂类安全工器具

环氧树脂类安全工器具应置于通风良好、清洁干燥、避免阳光直晒和无腐蚀、有害物质的场所保存。

1.6.2.3 纤维类安全工器具

纤维类安全工器具应放在干燥、通风、避免阳光直晒、无腐蚀及有害物质的位置，并与热源保持1m以上的距离。

1.6.3 安全工器具检查与使用要求

安全工器具检查分为出厂验收检查、试验检验检查和使用前检查，使用前应检查合格证和外观。

1.6.3.1 个体防护装备

1．安全帽

（1）检查要求。

1）永久标识和产品说明等标识清晰完整，安全帽的帽壳、帽衬（帽箍、吸汗带、缓冲垫及衬带）、帽箍扣、下颏带等组件完好无缺失。

2）帽壳内外表面应平整光滑，无划痕、裂缝和孔洞，无灼伤、冲击痕迹。

3）帽衬与帽壳连接牢固，后箍、锁紧卡等开闭调节灵活，卡位牢固。

4）使用期从产品制造完成之日起计算：植物枝条编织帽不得超过两年，塑料和纸胶帽不得超过两年半；玻璃钢（维纶钢）橡胶帽不超过三年半，超期的安全帽应抽查检验合格后方可使用，以后每年抽检一次。每批从最严酷使用场合中抽取，每项试验试样不少于2顶，有一顶不合格，则该批安全帽报废。

（2）使用要求。

1）任何人员进入生产、施工现场必须正确佩戴安全帽。针对不同的生产场所，根据安全帽产品说明选择适用的安全帽。

2）安全帽戴好后，应将帽箍扣调整到合适的位置，锁紧下颚带，防止工作中前倾后仰或其他原因造成滑落。

3）受过一次强冲击或做过试验的安全帽不能继续使用，应予以报废。

4）高压近电报警安全帽使用前应检查其音响部分是否良好，但不得作为无电的依据。

2．防护眼镜

（1）检查要求。

1）防护眼镜的标识清晰完整，并位于透镜表面不影响使用功能处。

2）防护眼镜表面光滑，无气泡、杂质，以免影响工作人员的视线。

3）镜架平滑，不可造成擦伤或有压迫感；同时，镜片与镜架衔接要牢固。

（2）使用要求。

1）防护眼镜的选择要正确。要根据工作性质、工作场合选择相应的防护眼镜。如在装卸高压熔断器或进行气焊时，应戴防辐射防护眼镜；在室外阳光曝晒的地方工作时，应戴变色镜（防辐射线防护眼镜的一种）；在进行车、铣、刨及用砂轮磨工件时，应戴防打击防护眼镜等；在向蓄电池内注入电解液时，应戴防有害液体防护眼镜或戴防毒气封闭式无色防护眼镜。

2）防护眼镜的宽窄和大小要恰好适合使用者的要求。如果大小不合适，防护眼镜滑落到鼻尖上，结果就起不到防护作用。

3）防护眼镜应按出厂时标明的遮光编号或使用说明书使用。

4）透明防护眼镜佩戴前应用干净的布擦拭镜片，以保证足够的透光度。

5）戴好防护眼镜后应收紧防护眼镜镜腿（带），避免造成滑落。

3．自吸过滤式防毒面具

（1）检查要求。

1）标识清晰完整，无破损。

2）使用前应检查面具的完整性和气密性，面罩密合框应与佩戴者颜面密合，无明显压痛感。

（2）使用要求。

1）使用防毒面具时，空气中氧气浓度不得低于18%，温度为－30～45℃，不能用于槽、罐等密闭容器环境。

2）使用者应根据其面型尺寸选配适宜的面罩号码。

3）使用中应注意有无泄漏和滤毒罐失效。防毒面具的过滤剂有一定的使用时间，一般为30～100min。过滤剂失去过滤作用（面具内有特殊气味）时，应及时更换。

4．正压式消防空气呼吸器

（1）检查要求。

1）标识清晰完整，无破损。

2）使用前应检查正压式呼吸器气罐表计压力在合格范围内。检查面具的完整性和气密性，面罩密合框应与佩戴者颜面密合，无明显压痛感。

（2）使用要求。

1）使用者应根据其面型尺寸选配适宜的面罩号码。

2）使用中应注意有无泄漏。

5．安全带

（1）检查要求。

1）商标、合格证和检验证等标识清晰完整，各部件完整无缺失、无伤残破损。

2）腰带、围杆带、肩带、腿带等带体无灼伤、脆裂及霉变，表面不应有明显磨损及切口；围杆绳、安全绳无灼伤、脆裂、断股及霉变，各股松紧一致，绳子应无扭结；护腰带接触腰的部分应垫有柔软材料，边缘圆滑无角。

3）织带折头连接应使用缝线，不应使用铆钉、胶粘、热合等工艺，缝线颜色与织带应有区分。

4）金属配件表面光洁，无裂纹、无严重锈蚀和目测可见的变形，配件边缘应呈圆弧形；金属环类零件不允许使用焊接，不应留有开口。

5）金属挂钩等连接器应有保险装置，应在两个及以上明确的动作下才能打开，且操作灵活。钩体和钩舌的咬口必须完整，两者不得偏斜。各调节装置应灵活可靠。

（2）使用要求。

1）围杆作业安全带一般使用期限为 3 年，区域限制安全带和坠落悬挂安全带使用期限为 5 年。如发生坠落事故，则应由专人进行检查。如有影响性能的损伤，应立即更换。

2）应正确选用安全带，其功能应符合现场作业要求，如需多种条件下使用，在保证安全提前下，可选用组合式安全带（区域限制安全带、围杆作业安全带、坠落悬挂安全带等的组合）。

3）安全带穿戴好后应仔细检查连接扣或调节扣，确保各处绳扣连接牢固。

4）2m 及以上的高处作业应使用安全带。

5）在坝顶、陡坡、屋顶、悬崖、杆塔、吊桥以及其他危险的边沿进行工作，临空一面应装设安全网或防护栏杆，否则，作业人员应使用安全带。

6）在没有脚手架或者在没有栏杆的脚手架上工作，高度超过 1.5m 时，应使用安全带。

7）在电焊作业或其他有火花、熔融源等场所使用的安全带或安全绳应有隔热防磨套。

8）安全带的挂钩或绳子应挂在结实牢固的构件或专为挂安全带用的钢丝绳上，并应采用高挂低用的方式。

9）高处作业人员在转移作业位置时不准失去安全保护。

10）禁止将安全带系在移动或不牢固的物件上［如隔离开关（刀闸）支持绝缘子、瓷横担、未经固定的转动横担、线路支柱绝缘子、避雷器支柱绝缘子等］。

11）登杆前，应进行围杆带和后备绳的试拉，无异常方可继续使用。

6．安全绳

（1）检查要求。

1）安全绳的产品名称、标准号、制造厂名及厂址、生产日期（年、月）及有效期、总长度、产品作业类别（围杆作业、区域限制或坠落悬挂）、产品合格标志、法律法规要求标注的其他内容等永久标识清晰完整。

2）安全绳应光滑、干燥，无霉变、断股、磨损、灼伤、缺口等缺陷。所有部件应顺滑，无材料或制造缺陷，无尖角或锋利边缘。护套（如有）完整不应破损。

3）织带式安全绳的织带应加锁边线，末端无散丝；纤维绳式安全绳绳头无散丝；钢丝绳式安全绳的钢丝应捻制均匀、紧密、不松散，中间无接头；链式安全绳下端环、连接环和中间环的各环间转动灵活，链条形状一致。

（2）使用要求。

1）安全绳应是整根，不应私自接长使用。

2）在具有高温、腐蚀等场合使用的安全绳，应穿入整根具有耐高温、抗腐蚀的保护套或采用钢丝绳式安全绳。

3）安全绳的连接应通过连接扣连接，在使用过程中不应打结。

7．安全网

（1）检查要求。

1）标准号、产品合格证、产品名称及分类标记、制造商名称及地址、生产日期等永久标识清晰完整。网体、边绳、系绳、筋绳无灼伤、断纱、破洞、变形及有碍使用的编织缺陷。所有节点固定。

2）平网和立网的网目边长不大于0.08m，系绳与网体连接牢固，沿网边均匀分布，相邻两系绳间距不大于0.75m，系绳长度不小于0.8m；平网相邻两筋绳间距不大于0.3m。

3）密目式安全立网的网眼孔径不大于12mm；各边缘部位的开眼环扣牢固可靠，开眼环扣孔径不小于8mm。

（2）使用要求。

1）立网或密目网拴挂好后，人员不应倚靠在网上或将物品堆积靠压立网或密目网。

2）平网不应用作堆放物品的场所，也不应作为人员通道，作业人员不应在平网上站立或行走。

3）不应将安全网在粗糙或有锐边（角）的表面拖拉。

4）焊接作业应尽量远离安全网，应避免焊接火花落入网中。

5）应及时清理安全网上的落物，当安全网受到巨大冲击后应及时更换。

6）平网下方的安全区域内不应堆放物品，平网上方有人工作时，人员、车辆、机械不应进入此区域。

8．绝缘手套

（1）检查要求。

1）绝缘手套的电压等级、制造厂名、制造年月等标识清晰、完整。

2）手套应质地柔软良好，内外表面均应平滑、完好无损，无划痕、裂缝、折缝和孔洞。

3）用卷曲法或充气法检查手套有无漏气现象。

（2）使用要求。

1）辅助型绝缘手套应根据使用电压的高低、不同防护条件来选择。

2）作业时，应将上衣袖口套入绝缘手套筒口内。

3）按照有关要求进行设备验电、倒闸操作、装拆接地线等工作时应戴绝缘手套。

9．绝缘靴（鞋）

（1）检查要求。

1）辅助型绝缘靴（鞋）的鞋帮或鞋底上的鞋号、生产年月、标准号、电绝缘字样（或英文 EH）、闪电标记、耐电压数值、制造商名称、产品名称、电绝缘性能出厂检验合格印章等标识清晰完整。

2）绝缘靴（鞋）应无破损，宜采用平跟，鞋底应有防滑花纹，鞋底（跟）磨损不超过 1/2。鞋底不应出现防滑齿磨平、外底磨露出绝缘层等现象。

（2）使用要求。

1）辅助型绝缘鞋应根据使用电压的高低、不同防护条件来选择。

2）穿用电绝缘皮鞋和电绝缘布面胶鞋时，其工作环境应能保持鞋面干燥。在各类高压电气设备上工作时，使用电绝缘鞋，可配合基本安全用具（如绝缘棒、绝缘夹钳）触及带电部分，并要防护跨步电压所引起的电击伤害。在潮湿、有蒸汽、冷凝液体、导电灰尘或易发生危险的场所，尤其应注意配备合适的电绝缘鞋，应按标准规定的使用范围正确使用。

3）使用绝缘靴时，应将裤管套入靴筒内。

4）穿用电绝缘鞋应避免接触锐器、高温、腐蚀性和酸碱油类物质，防止鞋受到损伤而影响电绝缘性能。防穿刺型、耐油型及防砸型绝缘鞋除外。

10．个人保安线

（1）检查要求。

1）保安线的厂家名称或商标、产品的型号或类别、横截面积（mm^2）、生产年份等标识清晰完整。

2）保安线应用多股软铜线，其截面积不得小于 $16mm^2$；保安线的绝缘护套材料应柔韧透明，护层厚度大于1mm。护套应无孔洞、撞伤、擦伤、裂缝、龟裂等现象，导线无裸露、无松股、中间无接头、断股和发黑腐蚀。汇流夹应由T3或T2铜制成，压接后应无裂纹，与保安线连接牢固。

3）线夹完整、无损坏，线夹与电力设备及接地体的接触面无毛刺。

4）保安线应采用线鼻与线夹相连接，线鼻与线夹连接牢固，接触良好，无松动、腐蚀及灼伤痕迹。

（2）使用要求。

1）个人保安线仅作为预防感应电使用，不得以此代替《电力安全工作规程》规定的工作接地线。只有在工作接地线挂好后，方可在工作相上挂个人保安线。

2）工作地段如有邻近、平行、交叉跨越及同杆塔架设线路，为防止停电检修线路上感应电压伤人，在需要接触或接近导线工作时，应使用个人保安线。

3）个人保安线应在杆塔上接触或接近导线的作业开始前挂接，作业结束脱离导线后拆除。

4）装设时，应先接接地端，后接导线端，且接触良好，连接可靠。拆个人保安线的顺序与此相反。个人保安线由作业人员负责自行装、拆。

5）在杆塔或横担接地通道良好的条件下，个人保安线接地端允许接在杆塔或横担上。

11．含氧量测试仪及有害气体检测仪

（1）检查要求。

1）标识清晰完整，外观完好无破损。

2）开机后自检功能正常。

（2）使用要求。

含氧量测试仪及有害气体检测仪专门用于危险环境和有限、密闭空间的含氧量、有害气体检测，应依据测试仪使用说明书进行操作。

1.6.3.2 绝缘安全工器具

1．电容型验电器

（1）检查要求。

1）电容型验电器的额定电压或额定电压范围、额定频率（或频率范围）、生产厂名和商标、出厂编号、生产年份、适用气候类型（D、C 和 G）、检验日期及带电作业用（双三角）符号等标识清晰完整。

2）验电器的各部件，包括手柄、护手环、绝缘元件、限度标记（在绝缘杆上标注的一种醒目标志，向使用者指明应防止标志以下部分插入带电设备中或接触带电体）和接触电极、指示器和绝缘杆等均应无明显损伤。

3）绝缘杆应清洁、光滑，绝缘部分应无气泡、皱纹、裂纹、划痕、硬伤、绝缘层脱落、严重的机械或电灼伤痕。伸缩型绝缘杆各节配合合理，拉伸后不应自动回缩。

4）指示器应密封完好，表面应光滑、平整。

5）手柄与绝缘杆、绝缘杆与指示器的连接应紧密牢固。

6）自检三次，指示器均应有视觉和听觉信号出现。

（2）使用要求。

1）验电器的规格必须符合被操作设备的电压等级，使用验电器时，应轻拿轻放。

2）操作前，验电器杆表面应用清洁的干布擦拭干净，使表面干燥、清洁。并在有电设备上进行试验，确认验电器良好；无法在有电设备上进行试验时可用高压发生器等确证验电器良好。如在木杆、木梯或木架上验电，不接地不能指示者，经运行值班负责人或工作负责人同意后，可在验电器绝缘杆尾部接上接地线。

3）操作时，应戴绝缘手套，穿绝缘靴。使用抽拉式电容型验电器时，绝缘杆应完全拉开。人体应与带电设备保持足够的安全距离，操作者的手握部位不得越过护环，以保持有效的绝缘长度。

4）非雨雪型电容型验电器不得在雷、雨、雪等恶劣天气时使用。

5）使用操作前，应自检一次，声光报警信号应无异常。

2．携带型短路接地线

（1）检查要求。

1）接地线的厂家名称或商标、产品的型号或类别、接地线横截面积（mm^2）、生产年份及带电作业用（双三角）符号等标识清晰完整。

2）接地线的多股软铜线截面积不得小于$25mm^2$，其他要求同个人保安接地线。

3）接地操作杆同绝缘杆的要求。

4）线夹完整、无损坏，与操作杆连接牢固，有防止松动、滑动和转动的措施。应操作方便，安装后应有自锁功能。线夹与电力设备及接地体的接触面无毛刺，紧固力应不致损坏设备导线或固定接地点。

（2）使用要求。

1）接地线的截面积应满足装设地点短路电流的要求，长度应满足工作现场需要。

2）经验明确无电压后，应立即装设接地线并三相短路（直流线路两极接地线分别直接接地），利用铁塔接地或与杆塔接地装置电气上直接相连的横担接地时，允许每相分别接地，对于无接地引下线的杆塔，可采用临时接地体。

3）装设接地线时，应先接接地端，后接导线端，接地线应接触良好、连接应可靠，拆接地线的顺序与此相反，人体不准碰触未接地的导线。

4）装、拆接地线均应使用满足安全长度要求的绝缘棒或专用的绝缘绳。

5）禁止使用其他导线作接地线或短路线，禁止用缠绕的方法进行接地或短路。

6）设备检修时模拟盘上所挂接地线的数量、位置和接地线编号，应与工作票和操作票所列内容一致，与现场所装设的接地线一致。

3．绝缘杆

（1）检查要求。

1）绝缘杆的型号规格、制造厂名、制造日期、电压等级及带电作业用（双三角）符号等标识清晰完整。

2）无论绝缘杆的接头是固定式的还是拆卸式的，连接都应紧密牢固，无松动、锈蚀和断裂等现象。

3）绝缘杆应光滑，绝缘部分应无气泡、皱纹、裂纹、绝缘层脱落、严重的机械或电灼伤痕，玻璃纤维布与树脂间黏接完好，不得开胶。

4）握手的手持部分护套与操作杆连接紧密、无破损，不产生相对滑动或转动。

（2）使用要求。

1）绝缘操作杆的规格必须符合被操作设备的电压等级，切不可任意取用。

2）操作前，绝缘操作杆表面应用清洁的干布擦拭干净，使表面干燥、清洁。

3）操作时，人体应与带电设备保持足够的安全距离，操作者的手握部位不得越过护环，以保持有效的绝缘长度，并注意防止绝缘操作杆被人体或设备短接。

4）为防止因受潮而产生较大的泄漏电流，危及操作人员的安全，在使用绝缘操作杆拉合隔离开关或经传动机构拉合隔离开关和断路器时，均应戴绝缘手套。

5）雨天在户外操作电气设备时，绝缘操作杆的绝缘部分应有防雨罩，防雨罩的上口应与绝缘部分紧密结合，无渗漏现象，以便阻断流下的雨水，使其不致形成连续的水流柱而大大降低湿闪电压。另外，雨天使用绝缘杆操作室外高压设备时，还应穿绝缘靴。

4．绝缘遮蔽罩

（1）检查要求。

1）绝缘遮蔽罩的制造厂名、商标、型号、制造日期、电压等级及带电作业用（双三角）符号等标识清晰完整。

2）遮蔽罩内外表面不应存在破坏其均匀性、损坏表面光滑轮廓的缺陷，如小孔、裂缝、局部隆起、切口、夹杂导电异物、折缝、空隙及凹凸波纹等。

3）提环、孔眼、挂钩等用于安装的配件应无破损，闭锁部件应开闭灵活，闭锁可靠。

（2）使用要求。

1）绝缘遮蔽罩应根据使用电压的等级来选择，不得越级使用。

2）当环境温度为－25～55℃时，建议使用普通遮蔽罩；当环境温度为－40～55）℃，建议使用C类遮蔽罩；当环境温度为－10～70℃时，建议使用W类遮蔽罩。

3）现场带电安放绝缘遮蔽罩时，应戴绝缘手套。

1.6.3.3 登高工器具

1．脚扣

（1）检查要求。

1）标识清晰完整，金属母材及焊缝无任何裂纹和目测可见的变形，表面光洁，边缘呈圆弧形。

2）围杆钩在扣体内滑动灵活、可靠、无卡阻现象；保险装置可靠，防止围杆钩在扣体内脱落。

3）小爪连接牢固，活动灵活。

4）橡胶防滑块与小爪钢板、围杆钩连接牢固，覆盖完整，无破损。

5）脚带完好，止脱扣良好，无霉变、裂缝或严重变形。

（2）使用要求。

1）登杆前，应在杆根处进行一次冲击试验，无异常方可继续使用。

2）应将脚扣脚带系牢，登杆过程中应根据杆径粗细随时调整脚扣尺寸。

3）特殊天气使用脚扣时，应采取防滑措施。

4）严禁从高处向下扔摔脚扣。

2．升降板（登高板）

（1）检查要求。

1）标识清晰完整，钩子不得有裂纹、变形和严重锈蚀，心形环完整、下部有插花，绳索无断股、无霉变或无严重磨损。

2）踏板窄面上不应有节子，踏板宽面上节子的直径不应大于 6mm。干燥细裂纹长不应大于 150mm，深不应大于 10mm。踏板无严重磨损，有防滑花纹。

3）绳扣接头每绳股连续插花应不少于 4 道，绳扣与踏板间应套接紧密。

（2）使用要求。

1）登杆前在杆根处对升降板（登高板）进行冲击试验，判断升降板（登高板）是否有变形和损伤。

2）升降板（登高板）的挂钩沟口应朝上，严禁反向。

3．梯子

（1）检查要求。

1）型号或名称及额定载荷、梯子长度、最高站立平面高度、制造者或销售者名称（或标识）、制造年月、执行标准及基本危险警示标志（复合材料梯的电压等级）应清晰明显。

2）踏棍（板）与梯梁连接牢固，整梯无松散，各部件无变形，梯脚防滑良好，梯子竖立后平稳，无目测可见的侧向倾斜。

3）升降梯升降灵活，锁紧装置可靠。铝合金折梯铰链牢固，开闭灵活，无松动。

4）折梯限制开度装置完整牢固。延伸式梯子操作用绳无断股、打结等现象，升降灵活，锁位准确可靠。

5）竹木梯无虫蛀、腐蚀等现象。木梯梯梁的窄面不应有节子，宽面上允许有实心的或不透的、直径小于 13mm 的节子，节子外缘距梯梁边缘应大于13mm，两相邻节子外缘距离不应小于 0.9m。踏板窄面上不应有节子，踏板宽面上节子的直径不应大于 6mm，踏棍上不应有直径大于 3mm 的节子。干燥细裂纹长不应大于 150mm，深不应大于 10mm。梯梁和踏棍（板）连接的受剪切面及其附近不应有裂缝，其他部位的裂缝长不应大于 50mm。

（2）使用要求。

1）梯子应能承受作业人员及所携带的工具、材料攀登时的总重量。

2）梯子不得接长或垫高使用。如需接长时，应用铁卡子或绳索切实卡住或绑牢并加设支撑。

3）梯子应放置稳固，梯脚要有防滑装置。使用前，应先进行试登，确认可靠后方可使用。有人员在梯子上工作时，梯子应有人扶持和监护。

4）梯子与地面的夹角应为 60°左右，工作人员必须在距梯顶 1m 以下的梯蹬上工作。

5）人字梯应具有坚固的铰链和限制开度的拉链。

6）靠在管子上、导线上使用梯子时，其上端需用挂钩挂住或用绳索绑牢。

7）在通道上使用梯子时，应设监护人或设置临时围栏。梯子不准放在门前使用，必要时采取防止门突然开启的措施。

8）严禁人在梯子上时移动梯子，严禁上下抛递工具、材料。

1.6.4 安全工器具试验

（1）安全工器具应通过国家、行业标准规定的型式试验，以及出厂试验和预防性试验。进口产品的试验不低于国内同类产品标准。

（2）安全工器具应由具有资质的安全工器具检验机构进行检验。预防性试验可由经公司总部或省公司、直属单位组织评审、认可，取得内部检验资质的检测机构实施，也可委托具有国家认可资质的安全工器具检验机构实施。

（3）应进行预防性试验的安全工器具：

1）规程要求进行试验的安全工器具。

2）新购置和自制安全工器具使用前。

3）检修后或关键零部件经过更换的安全工器具。

4）对其机械、绝缘性能产生疑问或发现缺陷的安全工器具。

5）发现质量问题的同批次安全工器具。

（4）安全工器具使用期间应按规定做好预防性试验。预防性试验项目、周期和要求以及试验时间一览表（见附录 D～附录 F）。

（5）安全工器具经预防性试验合格后，应由检验机构在合格的安全工器具上（不妨碍绝缘性能、使用性能且醒目的部位）牢固粘贴“合格证”标签或可追溯的唯一标识，并出具检测报告。

1.7 生产现场的安全设施

1.7.1 设备标志

1.7.1.1 一般规定

（1）电力线路应配置醒目的标志。配置标志后，不应构成对人身伤害的潜在风险。

（2）设备标志由设备编号和设备名称组成。

（3）设备标志应定义清晰，能够准确反映设备的功能、用途和属性。

（4）同一单位每台设备标志的内容应是唯一的，禁止出现两个或多个内容完全相同的设备标志。同一调度机构直接调度的每台设备标志的内容应是唯一的。

1.7.1.2 架空线路标志

（1）线路每基杆塔均应配置标示牌或涂刷标志，标明线路的名称、电压等级和杆塔号。新建线路杆塔号应与杆塔数量一致。若线路改建，改建线路段的杆塔号可采用 $n+1$ 或 $n-1$（n 为改建前的杆塔编号）形式。

（2）耐张型杆塔、分支杆塔和换位杆塔前后各一基杆塔上，应有明显的相位标志。相位标示牌基本形式为圆形，标准颜色为黄色、绿色、红色。

（3）在杆塔适当位置宜喷涂线路名称和杆塔号，以在标示牌丢失情况下仍能正确辨识杆塔。

（4）杆塔标示牌的基本形式一般为矩形，白底，红色黑体字，安装在杆塔的小号侧；特殊地形的杆塔，标示牌可悬挂在其他的醒目方位上。

（5）同杆塔架设的双（多）回线路应在横担上设置鲜明的异色标志加以区分。各回路标示牌底色应与本回路色标一致，白色黑体字（黄底时为黑色黑体字）。色标颜色按照红、黄、绿、蓝、白、紫排列使用。

（6）同杆架设的双（多）回路标示牌应在每回路对应的小号侧安装，特殊情况可在回路对应的杆塔两侧面安装。

（7）110kV及以上电压等级线路悬挂高度距地面5～12m、涂刷高度距地面3m；110kV及以下电压等级线路悬挂高度距地面3～5m、涂刷高度距地面3m。

1.7.1.3 电缆线路标志

（1）电缆线路均应配置标示牌，标明线路的名称、电压等级、型号、长度、起止变电站名称。

（2）电缆标示牌的基本形式为矩形，白底，红色黑体字。

（3）电缆两端及隧道内应悬挂标示牌。隧道内标示牌间距约为100m，电缆转角处也应悬挂。与架空线路相连的电缆，其标示牌固定于连接处附近的本电缆上。

（4）电缆接头盒应悬挂标明电缆编号、始点、终点及接头盒编号的标示牌。

（5）电缆为单相时，应注明相位标志。

（6）电缆应设置路径、宽度标示牌（桩）。城区直埋电缆可采用地砖等形式，以满足城市道路交通安全要求。

1.7.1.4 设备标志及设置规范

设备标志及设置规范如表1-4所示。

表 1-4　　　　　　　　设备标志及设置规范

序号	图形示例	名 称	设置范围和地点	备注
1	张庄村3# 411张庄北 010-01	单回路杆号标示牌	安装在杆塔的小号侧。特殊地形的杆塔，标示牌可悬挂在其他的醒目方位上	
2	张庄村3# 411张庄北 010 412张庄南 009	双回路杆号标示牌	安装在杆塔的小号侧的杆塔水平材上。标示牌底色应与本回路色标一致，字体为白色黑体字（黄底时为黑色黑体字）	
3		相位标示牌	装设在终端塔、耐张塔、换位塔及其前后一基直线塔的横担上。电缆为单相时，应注明相别标志	
4	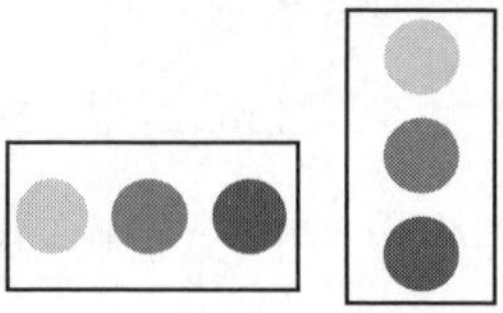	涂刷式相位标志	涂刷在杆号标志的上方，涂刷宽度为铁塔主材宽度，长度为宽度的 3 倍	
5	10kV 金凤线 001号变压器	配电变压器、箱式变压器标示牌	装设于配电变压器横梁上适当位置或箱式变压器的醒目位置。基本形式是矩形，白底，红色黑体字	
6	10kV 金凤线 001号环网柜	环网柜、电缆分接箱标示牌	装设于环网柜或电缆分接箱醒目处。基本形式是矩形，白底，红色黑体字	
7	10kV 金凤线 001号分段断路器	分段断路器标示牌	装设于分支线杆上的适当位置。基本形式是矩形，白底，红色黑体字	
8	六圩1#变 411出线电缆 YJV22-4×150 35m	电缆标示牌	电缆线路均应配置标示牌，标明电缆线路的名称、电压等级、型号参数、长度。基本形式是矩形，白底，红色黑体字	

1.7.2 安全标志

1.7.2.1 分类

电力线路设置的安全标志包括警告标志、禁止标志、指令标志、提示标志4种基本类型和消防安全标志等特定类型。

（1）警告标志：促使人们提高对可能发生危险的警惕性的图形标示，上方是黄底黑色正三角警告标示，下方是白底黑字矩形补充标示。

（2）禁止标志：禁止或制止人们想要做的某种动作的图形标示，标示上方是白底红色圆形带斜杠，黑色禁止标示，下方是红底黑字矩形补充标示，如图1-1所示。

图1-1 禁止标志的基本形式与标准色

（3）指令标志：强制人员必须做出某种动作或采用防范措施的标示，上方是指令标志（圆形边框），下方是文字辅助标志（矩形边框）。

（4）提示标志：向人员提供某种安全设施或场所信息的图形标示，为绿色正方形底牌，中有直径20cm白色圆形、黑色提示字样，如图1-2所示。

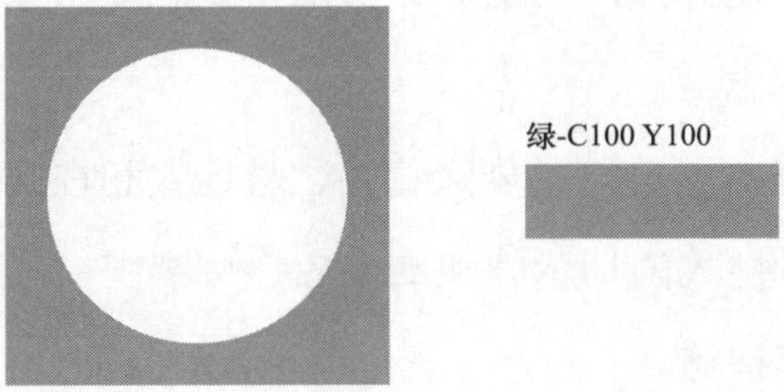

图1-2 提示标志的基本形式与标准色

（5）常用交通安全标志、设施包括“前方施工”“道路封闭”“车辆慢行”

标示牌、锥形交通标等。

1.7.2.2　一般规定

（1）安全标志一般使用相应的通用图形标志和文字辅助标志的组合标志。

（2）安全标志一般采用标示牌的形式，宜使用衬边，以使安全标志与周围环境之间形成较为强烈的对比。

（3）携带式的标示牌应采用非金属材质，非携带式的标示牌可采用铝合金、不锈钢、搪瓷等材质。

（4）标示牌外形应完整，表面清洁，图案、字体清晰。

（5）锥形交通标，锥体上有反光膜或涂有反光漆。

（6）安全标志所用的颜色、图形符号、几何形状、文字，标示牌的材质、表面质量、衬边及型号选用、设置高度、使用要求应符合 GB 2894—2008《安全标志及其使用导则》的规定。

1.7.2.3　设置要求

（1）安全标示牌应设在与安全有关场所的醒目位置，便于走近电力线路或进入电缆隧道的人们看见，并有足够的时间来注意他所表达的内容。环境信息标志宜设在有关场所的入口处和醒目处；局部环境信息应设在所涉及的相应危险地点或设备（部件）的醒目处。

（2）安全标示牌不宜设在可移动的物体上，以免标示牌随母体物体相应移动，影响认读。标示牌前不得放置妨碍认读的障碍物。

（3）多个标志在一起设置时，应按照警告、禁止、指令、提示类型的顺序，先左后右、先上后下地排列，且应避免出现相互矛盾、重复的现象。也可以根据实际，使用多重标志。

（4）安全标示牌的固定方式分附着式、悬挂式和柱式。附着式和悬挂式的固定应稳固不倾斜，柱式的标示牌和支架应连接牢固。临时标示牌应采取防止倾倒、脱落、移位等措施。

（5）安全标示牌应设置在明亮的环境中。

（6）安全标示牌设置的高度尽量与人眼的视线高度相一致，悬挂式和柱式的环境信息标示牌的下缘距地面的高度不宜小于 2m，局部信息标志的设置高度应视具体情况确定。

（7）安全标示牌的平面与视线夹角应接近 90°，观察者位于最大观察距离时，最小夹角不低于 75°。

（8）安全标示牌应定期检查，如发现破损、变形、褪色等不符合要求时，应及时修整或更换。修整或更换时，应有临时标志替换，以避免发生意外伤害。

（9）电缆隧道入口，应根据电压等级等具体情况，在醒目位置按配置规范设置相应的安全标示牌。如“当心触电”“当心中毒”“未经许可不得入内”“禁止烟火”“注意通风”“必须戴安全帽”等。

（10）电力线路杆塔，应根据电压等级、线路途经区域等具体情况，在醒目位置按配置规范设置相应的安全标示牌。如“禁止攀登 高压危险”等。

（11）在人口密集或交通繁忙区域施工，应根据环境设置必要的交通安全标志。

1.7.2.4 常用标志及设置规范

（1）常用禁止标志及设置规范见表 1-5。

表 1-5　常用禁止标志及设置规范

序号	图形标志示例	名称	设置范围和地点	备注
1		禁止吸烟	电缆隧道出入口、电缆井内、检修井内、电缆接续作业的临时围栏等处	
2		禁止烟火	电缆隧道出入口等处	

续表

序号	图形标志示例	名称	设置范围和地点	备注
3		禁止跨越	不允许跨越的深坑（沟）等危险场所、安全遮栏等处	
4		禁止停留	高处作业现场、吊装作业现场等处	
5		未经许可不得入内	易造成事故或对人员有伤害的场所，如电缆隧道入口处	
6		禁止通行	有危险的作业区域入口处或安全遮栏等处	
7		禁止堆放	消防器材存放处、消防通道等处	

续表

序号	图形标志示例	名称	设置范围和地点	备注
8		禁止合闸 线路有人工作	线路断路器（开关）和隔离开关（刀闸）把手上	
9		禁止攀登 高压危险	线路杆塔下部，距地面约 3m 处	
10		禁止开挖 下有电缆	禁止开挖的地下电缆线路保护区内	
11		禁止在高压 线下钓鱼	跨越鱼塘线路下方的适宜位置	
12		禁止取土	线路保护区内杆塔、拉线附近适宜位置	

续表

序号	图形标志示例	名称	设置范围和地点	备注
13		禁止在高压线附近放风筝	经常有人放风筝的线路附近适宜位置	
14		禁止在保护区内建房	线路下方及保护区内	
15		禁止在保护区内植树	线路电力设施保护区内植树严重地段	
16		禁止在保护区内爆破	线路途经石场、矿区等	

（2）常用提示标志及设置规范见表 1-6。

表 1-6　　常用提示标志及设置规范

序号	图形标志示例	名称	设置范围和地点	备注
1		从此上下	工作人员可以上下的铁（构）架、爬梯上	
2		从此进出	户外工作地点围栏的出入口处	
3		在此工作	在工作地点处	

（3）常用交通标志及设置规范。

1）“前方施工”标示牌：设置在有施工作业的道路两端或交通道口，距作业地点根据道路情况设置，用于警告通行车辆降低车速或绕道行驶。

2）“道路封闭”标示牌：设置在因施工作业需封闭的道路两端或交通道口，距作业地点不少于 50m，与“前方施工”标示牌配合使用，用于警告来往车辆前方施工危险，车辆不能通过，以确保车辆和人身安全。

3）“车辆慢行”标示牌：设置于因施工作业需车辆慢行的道路两端或交通道口，距作业地点不少于 50m，与“前方施工”标示牌配合使用，用于警告通行车辆降低车速，以便在作业人员的监护和引导下安全通过。

4）锥形交通标：用于允许车辆通行区域和作业区域之间的安全隔离，以提醒过往车辆及行人注意前方施工，减速慢行或绕行。

1.7.3 安全围栏

1．分类

安全围栏包括围网、围栏、提示遮栏等。

其中，围栏可分为可伸缩型和非伸缩型。提示遮栏由立杆和提示绳（带）组成。

2．基本要求

（1）围栏、围网、提示遮栏高均为120cm。

（2）围栏、围网、提示遮栏应红白相间，颜色应醒目。

（3）围栏、围网、提示遮栏立柱应有反光膜或涂有反光漆。

3．使用范围

（1）城区、人口密集区地段或交通道口和通行道路上检修施工作业，明确工作地点，与非作业区域明显隔离。

（2）高处作业时，工作地点下面可能坠落范围半径，防止落物伤人。不同高度的可能坠落范围半径见表1-7。

表1-7　　不同高度的可能坠落范围半径

作业位置至其底部的垂直距离（m）	2～5	5～15	15～30	＞30
其可能坠落的范围半径（m）	3	4	5	6

（3）地面配电设备部分停电的工作，人员工作时距带电设备距离小于设备不停电时的安全距离。设备不停电时的安全距离见表1-8。

表1-8　　设备不停电时的安全距离

电压等级（kV）	安全距离（m）
10及以下	0.70
20、35	1.00

（4）提示遮栏适用农村、非人口密集区地段作业区域的划分与提示，如上述区域电缆沟道以及线路施工作业区等的围护。

4．设置要求

（1）安全围栏、标示牌的设置必须完整、可靠、醒目。在安全围栏的适当地点悬挂标示牌。

（2）安全围栏设置大小应依据作业性质、作业人员活动区域、高空坠落范围半径等因素综合考虑。

（3）安全围栏只能预留一个出入口，设在临近道路旁边或方便进出的地方，出入口应尽量远离作业点，其大小可根据工作现场的具体情况而定，一般以1.5m为宜。在出入口处悬挂“在此工作！”“从此进出！”标示牌。

（4）在居民区及交通道路附近进行电缆井开启、基坑及沟道开挖，应设坑盖或安全围栏，夜间应加挂警示灯。

（5）作业占用人行道、非机动车道及机动车道时，应在作业现场四周装设安全围栏，在安全围栏距来车方向一定距离设置“前方施工”“车辆慢行”或“道路封闭”安全警示标志，并在围栏外围设置适量锥形交通标。设置的围栏、标示牌应符合公安机关交通管理部门规定，必要时请交通管理部门配合。

（6）占用公路的施工作业，白天应当在距来车方向不少于50m的地段设置道路施工安全警示标志；夜间在距来车方向不少于100m处设置反光标志。

（7）跨越高速公路、铁路以及水运航道等重要交通设施进行施工作业，事先应经主管部门同意，影响交通安全的，还应征得公安机关交通管理部门同意，安全措施严格按照国家和行业有关规定设置。

1.7.4 安全设施现场管理

（1）作业班组负责安全围栏和标示牌的设置、检查和维护。

（2）作业班组根据工作内容和作业现场实际情况，依据本规范要求设置。工作负责人对设置的正确性、完整性、可靠性负责。

（3）开工前，工作负责人应向工作班成员交代现场安全措施、带电部位、作业区域、工作危险点和防范措施。

（4）作业人员不得擅自移动或拆除已设置好的安全围栏。如有特殊情况需要变更安全围栏，应征得工作负责人同意。

（5）占用人行道、非机动车道及机动车道的作业，若长时间工作间断应根据现场实际变更安全围栏、标示牌设置和开放封闭通道。

（6）工作间断恢复工作时，工作负责人应组织工作班成员对作业现场的安全措施进行全面检查，满足要求方可开始工作。

（7）工作结束后，作业班组负责拆除所设安全围栏、标示牌，工作负责人要确认安全措施全部拆除。

（8）遇恶劣天气应采取措施，确保安全围栏、标示牌牢固可靠。

第2章　作业现场标准化

本章介绍了农网生产作业工作流程，逐项分解和明确了流程中作业计划、作业准备、作业实施等各环节安全工作主要内容及其管控要求，加强生产作业安全全过程管控，构建预防为主的安全管理体系，提升现场安全风险管控能力，确保人身、电网和设备安全。

2.1　作业计划

2.1.1　计划编制

2.1.1.1　编制原则

作业计划编制应贯彻状态检修、综合检修的基本要求，按照“六优先、九结合”的原则。

六优先：人身风险隐患优先处理；重要变电站（换流站）隐患优先处理；重要输电线路隐患优先处理；严重设备缺陷优先处理；重要用户设备缺陷优先处理；新设备及重大生产改造工程优先安排。

九结合：生产检修与基建、技改、用户工程相结合；线路检修与变电检修相结合；二次系统检修与一次系统检修相结合；辅助设备检修与主设备检修相结合；两个及以上单位维护的线路检修相结合；同一停电范围内有关设备检修相结合；低电压等级设备检修与高电压等级设备检修相结合；输变电设备检修与发电设备检修相结合；用户检修与电网检修相结合。

2.1.1.2 月度作业计划编制

各级单位应根据设备状态、电网需求、反事故措施、基建技改及用户工程、保供电、气候特点、承载力、物资供应等因素制订月度作业计划。主要指10kV及以上设备停（带）电作业计划。

2.1.1.3 周作业计划编制

各级单位应根据月度作业计划，结合保供电、气候条件、日常运维需求、承载力分析结果等情况统筹编制周作业计划。周作业计划宜分级审核上报，实现省、地市、县公司级单位信息共享。

2.1.1.4 日作业安排

作业班组应根据周作业计划，结合临时性工作，合理安排日工作任务。

2.1.2 计划发布

（1）月度作业计划由专业管理部门统一发布。

（2）周作业计划应明确发布流程和方式，可利用周安全生产例会、信息系统平台等发布。

（3）信息发布应包括作业时间、电压等级、停电范围、作业内容、作业单位等内容。

周作业计划信息发布中还应注明作业地段、专业类型、作业性质、工作票种类、工作负责人及联系方式、现场地址（道路、标志性建筑或村庄名称）、到岗到位人员、作业人数、作业车辆等内容。

2.1.3 计划管控

（1）所有计划性作业应全部纳入周作业计划管控，禁止无计划作业。

（2）作业计划实行刚性管理，禁止随意更改和增减作业计划，确属特殊情况需追加或者变更作业计划，应履行审批手续，并经分管领导批准后方可实施。

（3）作业计划按照“谁管理、谁负责”的原则实行分级管控。各级专业管理部门应加强计划编制与执行的监督检查，分析存在问题，并定期通报。

（4）各级安监部门应加强对计划管控工作的全过程安全监督，对无计划作业、随意变更作业计划等问题按照管理违章实施考核。

2.2 作业准备

2.2.1 现场勘察

2.2.1.1 需要现场勘察的作业项目

（1）低压线路杆塔组立、导线架设、电缆敷设等检修、改造项目施工作业。

（2）新装（更换）配电箱、低压电缆分支箱等设备作业。

（3）带电作业。

（4）涉及多专业、多单位、多班组的大型复杂作业和非本班组管辖范围内设备检修（施工）的作业。

（5）使用起重机、挖掘机等大型机械的作业。

（6）跨越铁路、高速公路、通航河流等施工作业。

（7）试验和推广新技术、新工艺、新设备、新材料的作业项目。

（8）工作票签发人或工作负责人认为有必要现场勘察的其他作业项目。

2.2.1.2 现场勘察组织

（1）现场勘察应在编制“三措”及填写工作票前完成。

（2）现场勘察由工作票签发人或工作负责人组织。

（3）现场勘察一般由工作负责人、设备运维管理单位和作业单位相关人员参加。

（4）对涉及多专业、多单位的大型复杂作业项目，应由项目主管部门、单位组织相关人员共同参与。

（5）承发包工程作业应由项目主管部门、单位组织，设备运维管理单位和作业单位共同参与。

（6）开工前，工作负责人或工作票签发人应重新核对现场勘察情况，发现与原勘察情况有变化时，应及时修正、完善相应的安全措施。

2.2.1.3 现场勘察主要内容

（1）需要停电的范围：作业中直接触及的电气设备，作业中机具、人员及材料可能触及或接近导致安全距离不能满足电力安全工作规程规定距离的电气设备。

（2）保留的带电部位：邻近、交叉、跨越等不需停电的线路及设备，双电源、自备电源、分布式电源等可能反送电的设备。

（3）作业现场的条件：装设接地线的位置，人员进出通道，设备、机械搬运通道及摆放地点，地下管沟、隧道、工井等有限空间，地下管线设施走向等。

（4）作业现场的环境：施工线路跨越铁路、电力线路、公路、河流等环境，作业对周边构筑物、易燃易爆设施、通信设施、交通设施产生的影响，作业可能对城区、人口密集区、交通道口、通行道路上人员产生的人身伤害风险等。

（5）需要落实的“反事故措施”及设备遗留缺陷。

2.2.1.4 现场勘察记录

（1）现场勘察应填写现场勘察记录。

（2）现场勘察记录宜采用文字、图示或影像相结合的方式。记录内容包括：工作地点需停电的范围，保留的带电部位，作业现场的条件、环境及其他危险点，应采取的安全措施，附图与说明。

（3）现场勘察记录应作为工作票签发人、工作负责人及相关各方编制“三措”和填写、签发工作票的依据。

（4）现场勘察记录由工作负责人收执。勘察记录应同工作票一起保存一年。

2.2.2 风险评估（见附录H）

（1）现场勘察结束后，编制“三措”、填写“两票”前，应针对作业开展风险评估工作。

（2）风险评估一般由工作票签发人或工作负责人组织。

（3）设备改进、革新、试验、科研项目作业，应由作业单位组织开展风险评估。

（4）涉及多专业、多单位共同参与的大型复杂作业，应由作业项目主管部门、单位组织开展风险评估。

（5）风险评估应针对触电伤害、高空坠落、物体打击、机械伤害、特殊环境作业、误操作等方面存在的危险因素，全面开展评估。

（6）风险评估出的危险点及预控措施应在“两票”“三措”等中予以明确。

2.2.3 承载力分析

2.2.3.1 工作组织

地市公司级单位、县公司级单位应利用月度计划平衡会、周安全生产例会统筹开展所属单位、二级机构承载力分析工作。

二级机构应利用周安全生产例会、班组应利用周安全日活动，开展作业承载力分析工作，保证作业安排在承载力范围内。

2.2.3.2 各单位、二级机构承载力分析内容

（1）可同时派出的班组数量。

（2）派出班组的作业能力是否满足作业要求。

（3）多专业、多班组、多现场间工作协调是否满足作业需求。

2.2.3.3 作业班组承载力分析内容

（1）可同时派出的工作组和工作负责人数量。每个作业班组同时开工的作业现场数量，不得超过工作负责人数量。

（2）作业任务难易水平、工作量大小。

（3）安全防护用品、安全工器具、施工机具、车辆等是否满足作业需求。

（4）作业环境因素（地形地貌、天气等）对工作进度、人员配备及工作状态造成的影响等。

2.2.3.4 作业人员承载力分析内容

（1）作业人员身体状况、精神状态以及有无妨碍工作的特殊病症。

（2）作业人员技能水平、安全能力。技能水平可根据其岗位角色、是否担任工作负责人、本专业工作年限等综合评定。安全能力应结合电力安全工作规程考试成绩、人员违章情况等综合评定。

（3）各级单位应积极推进承载力量化分析工作，提升作业计划和工作安排的科学化、规范化管理水平。

2.2.4 “三措”编制

2.2.4.1 需编制“三措”的项目

（1）农网更换或改造作业。

（2）涉及多专业、多单位、多班组的大型复杂作业。

（3）跨越铁路、高速公路、通航河流等施工作业。

（4）试验和推广新技术、新工艺、新设备、新材料的作业项目。

（5）作业单位或项目主管部门认为有必要编写“三措”的其他作业。

2.2.4.2 编制要求

（1）作业单位应根据现场勘察结果和风险评估内容编制“三措”。对涉及多专业、多单位的大型复杂作业项目，应由项目主管部门、单位组织相关人员编制“三措”。

（2）“三措”内容包括任务类别、概况、时间、进度、需停电的范围、保留的带电部位及组织措施、技术措施和安全措施。

（3）“三措”应分级管理，经作业单位、监理单位（如有）、设备运维管理单位、相关专业管理部门、分管领导逐级审批，严禁执行未经审批的“三措”。

2.2.5 “两票”填写

（1）在电气设备上及相关场所的工作，应填用工作票、倒闸操作票。各级单位应规范“两票”填写与执行标准，明确使用范围、内容、流程、术语。

（2）作业单位应根据现场勘察、风险评估结果，由工作负责人或工作票签发人填写工作票。

（3）工作票“双签发”相关要求：

1）承发包工程中，作业单位在运用中的电气设备上或已运行的变电站内工作，工作票宜由作业单位和设备运维管理单位共同签发，在工作票上分别签名，各自承担相应的安全责任。

2）发包方工作票签发人主要对工作票上所填工作任务的必要性、安全性和安全措施是否正确完备负责；承包方工作票签发人主要对所派工作负责人和工作班人员是否适当和充足以及安全措施是否正确完备负责。

（4）承发包工程宜由作业单位人员担任工作负责人，若设备运维管理单位认为有必要，可派人担任工作负责人或增派专人监护。

（5）生产厂家、外协服务等人员参加现场作业，应由设备运维管理单位人员担任工作负责人，执行相应工作票。

（6）作业班组每月应对所执行的“两票”进行整理汇总，按编号统计、分析。二级机构每季度至少对已执行的“两票”进行检查并填写检查意见。地市公司级单位、县公司级单位每半年至少抽查调阅一次“两票”。省公司级单位每年至少抽查调阅一次“两票”。

（7）各级单位应分析“两票”存在问题，及时反馈，制定整改措施，建立定期通报制度。

2.2.6 班前会

（1）班前会由班组长组织全体班组人员召开。

（2）班前会应结合当班运行方式、工作任务，开展安全风险评估，布置风险预控措施，组织交代工作任务、作业风险和安全措施，检查个人安全工器具、个人劳动防护用品和人员精神状况。

2.3 作业实施危险点检查及安全措施

2.3.1 作业前检查要点

（1）现场安全措施是否执行到位，是否存在遗漏、缺失、损坏及移动等情况。重点检查接地线布置、防反送电、防倒断杆、防高处坠落等安全措施。

（2）作业区域电杆（设备）双重称号以及色标、起止杆号及相邻杆塔号是否与工作票所列内容一致。

（3）电杆、低压设备本体及附属设施是否存在缺陷，如电杆纵（横）向裂纹超标、横担及金具腐（锈）蚀、拉线断股、拉线基础松动、电杆倾斜超标等。

（4）杆根、基础、拉线是否牢固；是否需要增设临时拉绳等安全措施。

（5）老旧线路设备存在的危险点、周围环境和电气连接状况等。

（6）施工机具、安全工器具、施工机械的安全性能。

2.3.2 低压线路工作

2.3.2.1 立杆、撤杆工作

1．主要危险点

（1）高处坠落。

（2）触电。

（3）倒断杆。

（4）机具砸碰。

2．主要安全措施

（1）分工明确，信号统一、动作协调。要划定作业区域，严禁无关人员进入施工现场。

（2）控制好电杆重心和电杆起立角度。控制、牵引等拉绳的控制应由有经验的人员操作、指挥，必要时可采取增加临时拉绳等措施。

（3）起吊作业的施工机械自身安全措施必须到位，防止因重心偏移、支撑不牢靠、操作不规范等原因而发生倾翻。起重吊钩必须有防脱扣闭锁。

（4）邻近带电的高压设备立（撤）杆作业时，生产技术人员应在现场指导，必要时制定“三措”一案，并采用有效措施，确保作业过程中人体、施工机具、牵引绳、拉绳等无触及带电设备可能。导线、拉线、施工机具应可靠接地。

2.3.2.2 杆塔上作业

1．主要危险点

（1）高处坠落。

（2）触电。

（3）物体打击。

2．主要安全措施

（1）登杆前应仔细检查杆根、基础、拉线等，工作前应再次确认作业范围无触电危险，如不能确定，则需重新验电。

（2）登杆前应认真核对、确认杆塔双重称号。应正确使用安全带（带后备保护绳），禁止杆上移位或上杆过程中不使用安全带。严禁安全带低挂高用。

（3）攀登老旧电杆前，应重点检查杆身是否牢固、埋深是否满足要求、电杆拉线是否牢靠。杆上作业前还应检查横担、金具等是否严重锈蚀。

（4）新立杆塔在杆根基础未完全牢固前禁止攀登。

（5）在经泥石流冲刷、内涝洪水浸泡、大风吹刮、强降雨冲刷后的线路上作业时，工作前应对线路、配电设施进行仔细检查，必要时在采取增加临时拉绳（或支好架杆）、培土加固等措施后，在专人监护下登杆作业，严禁不采取可靠措施盲目作业。

（6）登杆前须认真检查登高器具（登高板、脚扣）是否牢固、可靠。严禁借助绳索、拉线上下杆塔。冰冻天气作业应增加相应防滑、防冻、保暖等措施。

（7）在可能有感应电的杆塔上作业时，在人体接触导线前应挂接保安线，作业结束人体脱离导线后方可拆除。

（8）杆上有人时禁止调整或拆除拉线。

（9）禁止用突然剪断导地线的方式松线。不得随意拆除受力构件。杆上作业、移位时必须手扶牢固构件，禁止失去保护绳进行作业或换位。

3．杆塔作业应禁止的行为

（1）攀登杆基未完全固定或未做好临时拉线的新立杆塔。

（2）携带器材登杆或在杆塔上移位。

（3）利用绳索、拉线上下杆塔或顺杆下滑。

4．杆塔上作业应注意的安全事项

（1）作业人员攀登杆塔、在杆塔上移位及杆塔上作业时，手扶的构件应牢固，不得失去后备保护，并有防止安全带从杆顶脱出或被锋利物损坏的措施。

（2）在杆塔上作业时，宜使用有后备保护绳或速差自锁器的双控背带式安全带，安全带和保护绳应分挂在杆塔不同部位的牢固构件上。

（3）上横担前，应检查横担的腐蚀情况、连接是否牢固。检查时安全带（绳）应系在主杆或牢固的构件上。

（4）在人员密集或有人员通过的地段进行杆塔上作业时，作业点下方应按坠落半径设围栏或其他保护措施。

（5）杆塔上下无法避免垂直交叉作业时，应做好防落物伤人的措施。作业时要相互照应，密切配合。

（6）在杆塔上作业时不得从事与工作无关的活动。

（7）在杆塔上使用梯子或临时工作平台，应将两端与固定物可靠连接，一般应由一人在其上作业。

（8）雷电时，禁止在线路杆塔上作业。

2.3.2.3 搭、拆头工作

1．主要危险点

（1）触电。

（2）高处坠落。

（3）误登电杆。

（4）高空坠物。

（5）导线脱落。

2．主要安全措施

（1）防触电、防高处坠落、防倒断杆、防误登电杆、防高处坠物等安全措施同前相应条款。

（2）首先必须验电确认无电。为防止突然来电，在工作地点可能来电各侧均应装设工作地线。

（3）禁止作业人员擅自扩大工作范围、增加工作内容或变更安全措施。

2.3.2.4 调整弧垂工作

1．主要危险点

（1）触电。

（2）高处坠落。

（3）高空坠物。

（4）误登电杆。

2．主要安全措施

（1）防触电、防高处坠落、防倒断杆、防误登电杆、防高处坠物等措施同前相应条款。

（2）应做好防止导线抽跑、掉落的措施，涉及跨越河流、公路、铁路、人口密集区的线路时，要做好对应安全措施，必要时专人看守。应提前联系主管部门，协调做好相应安全措施。

（3）调整弧垂工作应综合考虑风偏、强对流天气、季节（高温、严寒）、公路、铁路路（轨）面高度、房屋高度等因素。

2.3.2.5 装、拆拉线工作

1．主要危险点

（1）触电。

（2）高处坠落。

（3）高空坠物。

（4）倒断杆。

（5）误登电杆。

2．主要安全措施

（1）防触电、防高处坠落、防倒断杆、防误登电杆、防高空坠物等安全措施同前相应条款。

（2）杆上有人时，禁止装拆拉线。

（3）老旧线路拆除拉线时，必要时增加临时拉线等安全措施，防止倒断杆。

（4）转角杆、耐张杆、终端杆及跨越高速公路、铁路、河流等线路电杆的拉线装拆工作，应增设临时拉绳，防止倒断杆。

（5）对于水田、圩区、山区（大档距）电杆拉线装拆工作必须综合考虑地形地貌、受力平衡、设施状况等因素，必要时进行补强，防止倒断杆。

3．使用临时拉线的安全要求

（1）不得利用树木或外露岩石作受力桩。

（2）一个锚桩上的临时拉线不得超过两根。

（3）临时拉线不得固定在有可能移动或其他不可靠的物体上。

（4）临时拉线的绑扎工作应由有经验的人员担任。

（5）临时拉线应在永久拉线全部安装完毕并承力后方可拆除。

（6）杆塔施工过程需要采用临时拉线过夜时，应对临时拉线采取加固和防盗措施。

2.3.2.6 放（紧、撤）线工作

1．主要危险点

（1）触电。

（2）高处坠落。

（3）高空坠物。

（4）导线抽甩。

（5）倒断杆。

2．主要安全措施

（1）防触电、防高处坠落、防倒断杆、防误登杆塔、防高空坠物等安全措施同前相应条款。

（2）放（紧、撤）线应专人指挥、统一信号、畅通信息、步调协调，并加强监护。

（3）交叉跨越、邻近电力线路时，要提前勘察现场，做好相应安全措施。

（4）跨越河流、高速公路、铁路时，应提前联系相关主管部门，协调做好相应安全措施，必要时可采取封航、封路、搭设跨越架、专人在交通道口看守、设置明显的警示标志等安全措施。

（5）遇有障碍物挂住时，应先松动导线，沿线巡查，待查明原因并处理后方可重新开工，不能生拉硬拽。

（6）人员应站在牵引绳、导线外侧，不能站在导地线线圈内或牵引绳、架空线等下方，防止跑线伤人。

（7）放（紧、撤）线前应检查杆根、桩锚、拉线、基础。必要时应增加临时拉绳、桩锚，防止倒断杆。

（8）禁止采用突然剪断导线的方法松线。

（9）放（紧、撤）线作业，在关键地点、部位应增设专责监护人，工作负责人、专责监护人不得擅自离开现场。

2.3.2.7 邻近带电导线的工作

1．主要危险点

（1）触电。

（2）高处坠落。

（3）高空坠物。

（4）导线抽甩。

（5）误登电杆。

2．主要安全措施

（1）在带电杆塔上进行测量、防腐、巡视检查、紧杆塔螺栓、清除杆塔上异物等工作时，作业人员活动范围及其所携带的工具、材料等与带电导线最小距离不得小于表 2-1 规定的安全距离。若不能保持规定的距离时，应按照带电作业或停电进行。工作中应采取防止损伤另一回线路的措施。

表 2-1　　与架空输电线及其他带电体的最小安全距离

电压等级（kV）	安全距离（m）
＜1	1.5
10、20	2.0
35、66	4.0
110	5.0
220	6.0
330	7.0
500	8.5

（2）工作中，应使用绝缘无极绳索，风力应小于 5 级，并设人监护。

（3）若停电检修的线路与另一回带电线路交叉或接近，并导致工作时人员和工器具可能和另一回线路接触或接近至（邻近或交叉其他高压电力线工作的安全距离见表 2-2）规定的安全距离以内，则另一回线路也应停电并接地。

表 2-2　　邻近或交叉其他电力线作业的安全距离

电压等级（kV）	安全距离（m）
10 及以下（高压）	1.0
20、35	2.5
66、110	3.0
220	4.0
330	5.0
500	6.0

若交叉或邻近的线路无法停电时，还应遵守以下规定：

1）邻近带电线路工作时，人体、导线、施工机具等与带电线路的距离应满足表 2-1 规定的安全距离，作业的导线应在工作地点接地，绞车等牵引工具应接地。

2）在带电线路下方进行交叉跨越档内松紧、降低或架设导线的检修及施工时，应采取防止导线跳动或过牵引与带电线路接近至安全距离的措施。

3）停电检修的线路若在另一回线路的上面，并且又必须在该线路不停电的情况下进行放松或架设导线、更换绝缘子等工作时，应采取作业人员充分讨论后经批准执行的安全措施。措施应能保证：

a．检修线路的导、地线牵引绳索等与带电线路的导线应满足表 2-1 规定的安全距离；

b．要有防止导、地线脱落、滑跑的后备保护措施。

4）与带电线路平行、邻近或交叉跨越的线路停电检修，应采取以下措施防止误登杆塔：

a．每基杆塔上都应有线路名称、杆号；

b．经核对停电检修线路的名称、杆号无误，并验明线路确已停电并挂好接地线后，工作负责人方可宣布开始工作；

c．在该段线路上工作，作业人员登杆塔前应核对确认停电检修线路的名称、杆号无误，并设专人监护，方可攀登。

2.3.2.8 同杆（塔）架设多回线路中部分线路停电的作业

1．主要危险点

（1）触电。

（2）高处坠落。

（3）高空坠物。

（4）导线抽甩。

（5）误登电杆。

2．安全措施

（1）工作票中应填写多回线路中每回线路的双重称号（即线路名称和位置称号）。

（2）工作负责人在接受许可开始工作的命令前，应与工作许可人核对确认停电线路双重称号无误。

（3）禁止在有同杆（塔）架设的10（20）kV及以下线路带电情况下，进行另一回线路的停电施工作业。

（4）在同杆（塔）架设的10（20）kV及以下线路带电情况下，当满足表1-2规定的安全距离且采取可靠保护人身安全措施的情况下，方可进行下层线路的登杆停电检修工作。

（5）为防止误登有电线路，应采取以下措施：

1）每基杆塔应设识别标记（色标、判别标识等）和线路名称、杆号。

2）工作前应发给作业人员相对应线路的识别标记。

3）经核对停电检修线路的识别标记和线路名称、杆号无误，验明线路确已停电并挂好接地线后，工作负责人方可宣布开始工作。

4）作业人员登杆塔前应核对停电检修线路的识别标记和线路名称、杆号，无误后，方可攀登。

5）登杆塔和在杆塔上工作时，每基杆塔都应设专人监护。

（6）在带电导线附近使用绑线时，应在地面绕成小盘再带上杆塔。禁止在杆塔上卷绕或放开绑线。

2.3.3 安装、更换配电箱、台区低压进出线工作

1．主要危险点

（1）触电。

（2）低压短路。

（3）高处坠落。

2．主要安全措施

（1）防触电、防高处坠落、防倒断杆、防误登电杆、防高空坠物等安全措施同前相应条款。

（2）作业前应认真核对设备编号、名称、位置，防止误登带电杆塔。

（3）正确使用个人工器具，并做好相应安全措施，如用绝缘胶带缠绕螺丝刀等工具金属裸露部位，防止低压短路。

（4）断路器、隔离开关等操作把手应可靠闭锁，并悬挂“禁止合闸，（线路）有人工作！”等标示牌。必要时设专人看守。

2.3.4 低压带电作业

1．主要危险点

（1）触电或电弧烧灼。

（2）相间短路、单相接地。

（3）误接线。

（4）高处坠落。

（5）马蜂蜇伤。

2．主要安全措施

（1）低压带电作业应设专人监护。使用有绝缘柄的工具，并对其外裸导电部分进行绝缘处理，防止相间短路、接地。

（2）作业人员应穿全棉工作服、绝缘鞋，并戴手套、安全帽、护目镜等，操作时应站在干燥的绝缘物上。禁止在带电线路上直接使用锉刀、金属尺、金属毛刷等工具。

（3）在高低压同杆架设线路的低压带电线路上作业，应做好防止误碰高压

带电设备的安全措施，确保作业人员工作活动范围与高压线路间保持足够的安全距离，无误触高压线路、断路器、熔断器等设备的可能。

（4）登杆前，应先分清相线、中性线。断开导线应先断开相线，后断开中性线。搭接导线时顺序相反。人体不准同时接触两根导线。

（5）在杆上进行低压带电作业时，宜采用升降板登高，人体与电杆及金属构件接触部位宜用绝缘物进行包裹、隔离。

（6）使用带电作业车（绝缘斗臂车）作业，应专人指挥，提前选好工作方位、移动（升降）路线，确保升降过程中人体、车臂等与高压带电线路保持足够的安全距离。

2.3.5 装表、接电工作

1．主要危险点

（1）触电或电弧烧灼。

（2）高处坠落。

（3）误登杆塔。

（4）误接线。

2．主要安全措施

（1）带电更换表计时，要采取与低压带电作业相同安全防护措施。

（2）电能表与电流互感器、电压互感器配合接线工作应停电进行。

（3）登杆前应认真核对杆塔名称、杆号、位置，防止误登杆塔。

（4）高处作业及杆上移动过程中必须使用安全带，防止高处坠落。

（5）要做好相应防范措施，防止因低压线路裸露部分误碰、误触有线电视、光缆、电话线等线路而造成其线路带电误伤人。

（6）在居民小区等多用户地点安装电能表时，应提前查看低压线路接线及分布，分清电源点和相线、中性线，防止因误接线造成短路、触电危险。

（7）工作时，应有防止电流互感器二次侧开路、电压互感器二次侧短路和防止相间短路、相对地短路、电弧灼伤的措施。

（8）电源侧不停电更换电能表时，直接接入的电能表应将出线负荷断开；

经电流互感器接入的电能表应将电流互感器二次侧短路后进行。

（9）现场校验电流互感器、电压互感器应停电进行，试验时应有防止反送电、防止人员触电的措施。

（10）负控装置安装、维护和检修工作一般应停电进行，若需不停电进行，工作时应有防止误碰运行设备、误分闸的措施。

2.4 工作终结

（1）已完工的设备均视为带电设备，任何人禁止在安全措施拆除后处理发现的缺陷和隐患。

（2）工作结束后，工作班应清扫、整理现场，工作负责人应先周密检查，待全体作业人员撤离工作地点后，方可履行工作终结手续。

（3）执行总、分票或多个小组工作时，总工作票负责人（工作负责人）应得到所有分工作票（小组）负责人工作结束的汇报后，方可与工作许可人履行工作终结手续。

2.5 班后会

（1）班后会一般在工作结束后由班组长组织全体班组人员召开。

（2）班后会应对作业现场安全管控措施落实及“两票三制”执行情况总结评价，分析不足，表扬遵章守纪行为，批评忽视安全、违章作业等不良现象。

第3章　低压电网运行维护

本章介绍了农村低压电网运行维护工作职责标准，提高设备健康水平，确保农村低压电网安全可靠运行。

3.1　巡视检查

为及时掌握农村低压线路和设备的运行状况，及早发现线路和设备出现的缺陷及危急安全运行的各类隐患，及时采取相应的措施予以消除，应定期对所辖农村低压线路和设备进行巡视检查。

3.1.1　巡视分类

（1）定期巡视。以掌握农村低压线路及设备设施的运行状况、运行环境变化情况为目的，及时发现缺陷和威胁农村低压电网安全运行情况的巡视，并做好电力设施保护及宣传工作。

（2）特殊巡视。在有外力破坏可能、恶劣气象条件（如大风、暴雨、覆冰、高温等）、重要保电任务、设备带缺陷运行或其他特殊情况下，对线路进行全部或部分巡视。

（3）夜间巡视。在负荷高峰或雾天的夜间进行，主要检查连接点有无过热、打火现象，绝缘子表面有无闪络现象等。

（4）故障巡视。农网低压线路发生故障或剩余电流总（中）级保护装置动作，应立即进行巡视，查明发生故障的地点和原因。

（5）监察巡视。由管理人员组织进行的巡视。了解农网低压线路及设备状况，检查、指导巡视人员的工作。

3.1.2 巡视周期

（1）定期巡视，每季至少一次。

（2）特殊巡视，根据季节特点、负荷变化情况，按需要确定。

（3）夜间巡视，每年至少一次，在线路负荷高峰或雾天时进行。

（4）故障巡视，按故障情况确定。

（5）监察巡视，每年至少一次。

（6）在农业生产用电高峰季节、农网迎峰度夏（冬）期间和重要节日，应增加特殊巡视和夜间巡视次数。

3.1.3 巡视检查内容

3.1.3.1 低压架空线路

1．杆塔和基础的巡视检查

（1）杆塔是否倾斜、位移，杆塔偏离线路中心不应大于 0.1m，混凝土杆倾斜不应大于 15/1000，转角杆不应向内角倾斜，终端杆不应向导线侧倾斜，向拉线侧倾斜应小于 0.2m。

（2）混凝土杆不应有严重裂纹、铁锈水，保护层不应脱落、疏松、钢筋外露。混凝土杆不宜有纵向裂纹，横向裂纹不宜超过 1/3 周长，且裂纹宽度不宜大于 0.5mm。焊接杆焊接处应无裂纹，无严重锈蚀；铁塔（钢杆）不应严重锈蚀，主材弯曲度不得超过 5/1000，混凝土基础不应有裂纹、疏松、露筋。

（3）基础有无损坏、下沉、上拔，周围土壤有无挖掘或沉陷，杆塔埋深是否符合要求。

（4）杆塔有无被水淹、水冲的可能。防洪设施有无损坏、坍塌。

（5）杆塔位置是否合适、有无被车撞的可能；保护设施是否完好，警示标志是否清晰。

（6）杆塔和线路标志，如杆号牌、相位牌、警示牌、3m 线标记等是否齐全、清晰明显、规范统一、位置合适、安装牢固。

（7）各部件螺丝应紧固，杆塔部件的固定处是否缺螺栓或螺母，螺栓是否松动等。

（8）塔上及周围有无藤蔓类攀沿植物和其他附着物，有无危及安全的鸟巢、风筝及杂物。

（9）有无未经批准同杆搭挂设施或非同一电源的线路。

（10）基础保护帽上部塔材有无被埋入土或废弃物堆中，塔材有无锈蚀、缺失。

2．横担、金具、绝缘子的巡视检查

（1）铁横担与金具有无严重锈蚀、变形、磨损起皮或出现严重麻点，锈蚀表面积不应超过 1/2，特别要注意检查金具经常活动、转动的部位和绝缘子串悬挂点的金具。

（2）横担上下倾斜、左右偏斜不应大于横担长度的 2%。

（3）螺栓是否紧固，有无缺螺母、销子，开口销及弹簧销有无锈蚀、断裂、脱落。

（4）瓷质绝缘子有无损伤、裂纹和闪络痕迹，釉面剥落面积不应大于 $100mm^2$。

（5）铁脚、铁帽有无锈蚀、松动、弯曲偏斜。

（6）瓷横担、瓷顶担是否偏斜。

（7）绝缘子钢脚有无弯曲，铁件有无严重锈蚀，针式绝缘子是否歪斜。

（8）铝包带、预绞丝有无滑动、断股或烧伤。

3．导线的巡视检查

（1）导线有无断股、损伤、烧伤、腐蚀的痕迹；绑扎线有无脱落、开裂，连接线夹螺栓应紧固、无跑线现象。

（2）三相弛度是否平衡，有无过紧、过松现象，三相导线弛度误差不得超过设计值的－5%或 10%，一般档距内弛度相差不宜超过 50mm。

（3）导线连接部位是否良好，有无过热变色和严重腐蚀，连接线夹是否缺失。

（4）跳（档）线、引线有无损伤、断股、弯扭。

（5）导线的线间距离，过引线、引下线与邻相的过引线、引下线、导线之间的净空距离以及导线与拉线、电杆或构件的距离应符合规定。

（6）导线上有无抛扔物。

（7）架空绝缘导线有无过热、变形、起泡现象。

（8）支持绝缘子绑扎线有无松弛和开断现象。

（9）与绝缘导线直接接触的金具绝缘罩是否齐全、有无开裂、发热变色变形，接地环设置是否满足要求。

（10）线夹、连接器上有无锈蚀或过热现象（如接头变色、熔化痕迹等），连接线夹弹簧垫是否齐全，螺栓是否紧固。

（11）过引线有无损伤、断股、松股、歪扭，与杆塔、构件及其他引线间距离是否符合规定。

4．拉线的巡视检查

（1）拉线有无断股、松弛、严重锈蚀和张力分配不匀的现象，拉线的受力角度是否适当，当一基电杆上装设多条拉线时，各条拉线的受力应一致。

（2）跨越道路的水平拉线，对路边缘的垂直距离不应小于 6m，跨越电车行车线的水平拉线，对路面的垂直距离不应小于 9m。

（3）拉线棒有无严重锈蚀、变形、损伤及上拔现象，必要时应做局部开挖检查。

（4）拉线基础是否牢固，周围土壤有无突起、沉陷、缺土等现象。

（5）拉线绝缘子是否破损或缺少，对地距离是否符合要求。

（6）拉线不应设在妨碍交通（行人、车辆）或易被车撞的地方，无法避免时应设有明显警示标志或采取其他保护措施，穿越带电导线的拉线应加设拉线绝缘子。

（7）拉线杆是否损坏、开裂起弓、拉直。

（8）拉线的抱箍、拉线棒、UT 型线夹、楔型线夹等金具铁件有无变形、锈蚀、松动或丢失现象。

（9）顶（撑）杆、拉线桩、保护桩（墩）等有无损坏、开裂等现象。

（10）拉线的 UT 型线夹有无被埋入土或废弃物堆中。

（11）因环境变化，拉线是否妨碍交通。

5．低压架空线通道的巡视检查

（1）线路保护区内有无易燃、易爆物品和腐蚀性液（气）体。

（2）导线对地，对道路、公路、铁路、索道、河流、建筑物等的距离应符合相关规定，有无可能触及导线的铁烟囱、天线、路灯等。

（3）有无存在可能被风刮起危及线路安全的物体（如金属薄膜、广告牌、风筝等）。

（4）线路附近的爆破工程有无爆破手续，其安全措施是否妥当。

（5）线路防护区内栽植的树、竹情况及导线与树、竹的距离是否符合规定，有无蔓藤类植物附生威胁安全。

（6）是否存在对线路安全构成威胁的工程设施（如施工机械、脚手架、拉线、开挖、地下采掘、打桩等）。

（7）是否存在电力设施被擅自移作他用的现象。

（8）线路附近出现的高大机械、揽风索及可移动的设施等。

（9）线路附近的污染源情况。

（10）线路附近河道、冲沟、山坡的变化，巡视、检修时使用的道路、桥梁是否损坏，是否存在江河泛滥及山洪、泥石流对线路的影响。

（11）线路附近修建的道路、码头、货物等。

（12）线路附近有无射击、放风筝、抛扔杂物、飘洒金属和在杆塔、拉线上拴牲畜等。

（13）是否存在在建、已建违反《电力设施保护条例》及《电力设施保护条例实施细则》的建筑和构筑物。

（14）通道内有无未经批准擅自搭挂的弱电线路。

（15）其他可能影响线路安全的情况。

3.1.3.2　低压电缆线路

1．电缆管沟和本体的巡视检查

（1）电缆线路的标识、编号是否齐全、完好、清晰。

（2）管沟本体有无形变，是否存在火灾、塌陷、盗窃、积水等隐患。

（3）是否存在温度超标、通风不良、杂物堆积等缺陷，缆线孔洞的封堵是否完好。

（4）是否存在未经批准的穿管施工。

2．电缆终端头和中间接头的巡视检查

（1）电缆终端头连接部位是否良好，有无过热和放电现象，接地是否良好。

（2）电缆终端头固定是否牢固。

（3）电缆上杆部分保护管及其封口是否完整。

（4）电缆中间接头密封是否良好，是否有积水现象，链接部位是否良好，有无过热变色、变形等现象。

（5）电缆终端头和中间接头相色等标志是否清晰、齐全。

3．低压电缆通道的巡视

（1）路径周边有无挖掘、打桩、拉管、顶管等施工迹象，检查路径沿线各种标识标志是否齐全。

（2）电缆通道上方有无违章建筑物，是否堆置可燃物、杂物、重物、腐蚀物等。

（3）地面是否存在沉降。

（4）电缆工作井盖是否丢失、破损、被掩埋。

（5）电缆沟盖板是否齐全完整并排列紧密。

4．低压电缆分支箱的巡视检查

（1）基础有无损坏、下沉，周围土壤有无挖掘或沉陷，电缆有无外露，固定螺栓是否松动。

（2）壳体锈蚀损坏情况，外壳油漆是否剥落，内装式铰链门开合是否灵活。

（3）箱内有无进水，有无小动物、杂物、灰尘。

（4）电缆搭头接触是否良好，有无发热、氧化、变色现象，电缆搭头相间和对壳体、地面距离是否符合要求。

（5）箱内其他设备运行是否良好，有无异常声音或气味。

（6）名称、铭牌、警示标识、一次接线图等是否清晰、正确。

（7）箱体内电缆进出线牌号与对侧端标牌是否对应，电缆命名牌是否齐全，肘头相色是否齐全。

（8）电缆洞封口是否严密，箱内底部填沙与基座是否齐平。

3.1.3.3 低压配电设备

1．配电室（箱）的巡视检查

（1）配电室（箱）周围有无可能威胁设备安全运行和通行的杂草、藤蔓植物及杂物堆放等。

（2）建筑物、设备基础有无下沉、开裂门、窗等有无损坏，配电箱体有无锈蚀、变形，有无渗、漏水和积水现象，电缆进出封堵是否良好，防小动物设施是否完好、有效。

（3）配电室（箱）的门锁是否完好，钥匙应有专人保管，不应交与他人。

（4）配电室内是否清洁，有无威胁安全的堆积物，屏（箱）内有无灰尘，温度是否正常，有无异声、异味现象。

（5）照明设备和防火、消防设施是否完好，除湿、通风、排水设施是否完好。

（6）一次接线图与现场是否一致。

2．室内配电柜的巡视检查

（1）各种仪表、计量装置、保护装置、信号装置是否正常。

（2）开关分、合闸位置是否正确，与实际运行方式是否相符，控制把手与指示灯位置是否对应。

（3）开关防误闭锁是否完好，柜门关闭是否正常，油漆有无剥落。

（4）开关柜内电缆终端是否接触良好，电缆终端相间的对地距离是否符合要求。

（5）加热器或除湿装置是否处于良好状态。

（6）接地装置是否良好，有无锈蚀、损坏等现象。

（7）母排有无变色、变形现象，导体（线）有无断股、裂纹、损伤，绝缘件是否清洁，有无裂纹、损伤、放电痕迹。

（8）铭牌及各种标志标识是否齐全、清晰。

3．低压负荷开关的巡视检查

（1）检查吸合是否良好，有无错位现象。

（2）检查触头压力弹簧是否过热失效，触头有无烧损现象。

（3）通过的负荷电流有无超过他的额定数值。

（4）运行声音是否正常、有无异常气味，接线牢固、无氧化、松动现象。

（5）有无破损、裂纹或放电闪络的痕迹。

4．低压熔断器的巡视检查

（1）安装牢固，排列合理，与固定构件及相互间的距离符合规程要求，接触紧密可靠，并应垂直安装有熔断指示器的熔断器，其指示器应装在便于观察的一侧。

（2）瓷件无裂纹、闪络、破损和严重污秽。

（3）导线连接牢固，上、下接点接触良好，无过热、烧损、熔化现象。

（4）机械性能良好，操作灵活，无锈蚀、无卡涩现象。

（5）熔体外观有无破损、变形、氧化、腐蚀等现象。

5．交流接触器的巡视检查

（1）各项参数（电流、电压等）能够满足安装地点的要求，通过的负荷电流是否在接触器额定值之内。

（2）安装符合设计要求，部件完整、瓷件无损伤和放电痕迹，辅助触点有无烧损情况。

（3）接触器的分合信号指示是否与电路状态相符。

（4）操动机构符合技术标准，操作灵活，无卡涩现象。

（5）支架牢固，无锈蚀现象。引接线接触良好，电磁无过热现象，电磁铁的短路环有无异常。

（6）运行声音是否正常，有无因接触不良而发出放电。

（7）周围运行环境有无不利运行的因素，如振动过大不良、尘埃过多等。

6．剩余电流动作保护装置的巡视检查

（1）设备有无破损，严重脏污。

（2）各引线桩头有无松动、老化、过热、融化。

（3）巡视周期内，剩余电流动作保护装置的动作情况。

（4）总保护每月至少检查接地测试一次，并做好记录。

（5）在每年周期性季节用电高峰或雷雨季节前，结合检查等活动，剩余电流动作保护装置进行抽查试跳。

3.1.3.4 接户线的巡视检查

（1）接户线档距、线间距离和对地、对建筑物、其他线路交叉跨越距离是否符合规定。

（2）绝缘层是否老化、损坏。

（3）接点接触是否良好，有无电化腐蚀现象。

（4）绝缘子有无破损、脱落。

（5）支持物是否牢固，有无腐朽、锈蚀、损坏等现象。

（6）弛度是否合适，有无混线、烧伤现象。

（7）表箱是否完好，有无破损现象。

3.1.3.5 防雷和接地装置的巡视

（1）避雷器外观有无破损、开裂，有无闪络痕迹，表面是否脏污。

（2）避雷器上、下引线连接是否良好，引线与构架、导线的距离是否符合规定。

（3）避雷器支架是否歪斜，铁件有无锈蚀，固定是否牢固。

（4）防雷金具等保护间隙有无烧损，锈蚀或被外物短接，间隙距离是否符合规定。

（5）防雷装置在雷季前是否全部投入运行，有无漏投。

（6）接地线有无丢失、断股、损伤，接头接触是否良好，线夹螺栓有无松动、锈蚀，绝缘护套和保护管是否破损。

（7）接地线和接地体的连接是否可靠，接地体有无严重腐蚀，在埋设范围内有无土方工程。

3.1.4 巡视的要求

（1）巡视人员应随身携带相关资料及常用工具、备件和个人防护用品。

（2）巡视人员在巡视检查线路、设备时，应同时核对命名、编号、标识等，并在满足安全规程与确保安全的前提下，进行维护和简单消缺工作，如清除设备下面生长较高的杂草、蔓藤等工作。

（3）巡视人员应认真、如实填写巡视记录，包括气象条件，巡视人，巡视日期，巡视范围，线路设备名称及发现的缺陷情况、缺陷类别，沿线危急线路设备安全的树木、建筑和施工情况，存在外力破坏可能的情况，交叉跨越的变动情况以及初步处理意见等。

（4）巡视人员发现紧急（危急）缺陷时应立即向供电所汇报，并协助做好消缺工作；发现电力设施防护区域内有施工作业、违章建筑、构筑物和影响安全的其他情况时，应立即开展调查，做好现场宣传、劝阻工作，并向责任人或产权单位发送《隐患通知书》，重大问题应及时向供电所及农电公司汇报。

（5）对巡视中发现危及安全的线路和设备应采取暂停供电的措施，排查故障后方可恢复送电。

3.2 测量与试验

3.2.1 一般要求

（1）试验不得少于两人，试验负责人应由有经验的人员担任。试验前，试验负责人应向全体试验人员交代工作中的安全注意事项，邻近间隔、线路设备的带电部位。

（2）直接接触设备的电气测量，应有人监护。测量时，人体与高压带电部位不得小于表 3-1 规定的安全距离。夜间测量，应有足够的照明。

表 3-1　　高压线路、设备不停电时的安全距离

电压等级（kV）	安全距离（m）	电压等级（kV）	安全距离（m）
10 及以下	0.7	±50	1.5

续表

电压等级（kV）	安全距离（m）	电压等级（kV）	安全距离（m）
20、35	1.0	±400	7.2
66、110	1.5	±500	6.8
220	3.0	±660	9.0

注 表中未列电压应选用高一电压等级的安全距离。

（3）试验的试验装置和测量仪器应符合试验和测量的安全要求。

（4）测量工作一般在天气良好时进行。

（5）雷电时，禁止测量绝缘电阻及核相。

3.2.2 电气测量工作

3.2.2.1 电气测量工作内容

（1）测量农村配电变压器低压侧的电流。变压器的三相负荷应力求平衡，不平衡度不应大于15%，只带少量单相负荷的三相变压器，中性线电流不应超过额定电流的25%。配电变压器应经济运行，最大负荷电流不宜低于额定电流的50%；最大负荷电流大于额定电流的80%时应考虑配电变压器的新增布点或增容。

（2）测量低压线路首、末端电压。低压线路首、末端的电压降不应超过额定电压的 4%，低压用户受电端（产权分界点）的电压变动幅度，三相供电电压不应超过额定电压的＋7%，220V 单相供电电压不应超过额定电压的＋7%、－10%。

（3）测量避雷器、配电屏（箱）、控制箱、低压线路重复接地体的接地电阻。防雷接地与设备金属外壳接地，接地电阻不大于 10Ω。

（4）测量线路交叉跨越距离。包括线路与其他电压等级的线路、道路、建筑物、河流、树木的距离，交叉跨越距离应符合要求。

（5）设备红外测温可依据实际情况选择进行。

3.2.2.2 电气测量的周期

（1）农村配电变压器低压侧电流及低压线路首末端电压，每年至少 2 次，应在夏季及冬季负荷高峰时进行；对重载变压器和线路要增加测量次数，每月

1 次或每季 1 次，并加强监控。设备运维管理单位应积极采用用电信息远程集抄等自动化监测方式，及时掌握农村配电台区的电流、电压等信息。

（2）避雷器、电容器、配电屏（箱）、控制箱、电表箱等设备的接地电阻，每两年至少 1 次，测量应在干燥天气下进行。

（3）线路交叉跨越距离，每年至少 1 次。并应根据巡视结果，对可能存在问题的交叉跨越距离进行不定期测量，及时掌控。

（4）低压线路设备投运前应进行绝缘电阻、接地电阻等电气测试工作。

（5）每年迎峰度夏（冬）或重大保电期间，对重要区域的重点设备进行红外测温。

3.2.2.3　电气测量的注意事项

（1）电气测量工作，应在无雷雨和干燥天气下进行。直接接触设备的电气测量工作，至少应由两人进行，一人操作，一人监护。夜间进行测量工作时，应有足够的照明。测量人员必须了解仪表的性能、使用方法和正确接线，熟悉测量的安全措施。

（2）测量电压、电流时，应戴干燥线手套或绝缘手套，人体与带电设备应保持足够的安全距离。电压测量工作应在较小容量的开关上、熔丝的负荷侧进行，不宜直接在母线上测量。测量配电变压器低压侧电流时，可使用钳形电流表，应注意不触及其他带电部分，以防相间短路。

（3）测试农村低压电网中性点接地电阻时，必须在低压电网和该电网所连接的配电变压器全部停电的情况下进行；测试低压避雷器独立接地体接地电阻时，应在停电状态下进行。

（4）测量架空线路对地面或对建筑物、树木以及导线与导线间的距离时，一般应在线路停电后进行。带电线路导线的垂直距离（导线弛度、交叉跨越距离），可用测量仪或使用绝缘测量工具测量。严禁使用皮尺、普通绳索、线尺等非绝缘工具进行测量。

（5）使用绝缘电阻表、钳形电流表、万用表时，应注意安全事项，按照规程相关条款执行。

3.2.3 电气试验工作

（1）低压线路和设备的试验应填用低压工作票。在同一电气连接部分，许可试验工作票之前，应先将已许可的检修工作票全部收回，禁止再许可第二张工作票。一张工作票中同时有检修和试验时，试验前应得到工作负责人的同意。

（2）因试验需要解开设备接头时，解开前应做好标记，重新连接后应进行检查。

（3）试验装置的金属外壳应可靠接地。引线应尽量缩短，并采用专用的试验线，必要时用绝缘物支持牢固。

（4）试验装置的电源开关，应使用双极闸刀，并在刀刃或刀座上加绝缘罩，以防误合。试验装置的低压回路中应有两个串联电源开关，并装设过载自动跳闸装置。

（5）试验现场应装设遮栏（围栏），遮栏（围栏）与试验设备高压部分应有足够的安全距离，向外悬挂“止步，高压危险!”标示牌。被试设备不在同一地点时，另一端还应设遮栏（围栏）并悬挂“止步，高压危险!”标示牌。

（6）试验应使用规范的短路线，加电压前应检查试验接线，确认表计倍率、量程、调压器零位及仪表的初始状态均正确无误后，通知所有人员离开被试设备，并取得试验负责人许可，方可加压。加压过程中应有人监护并呼唱，试验人员应随时警戒异常现象发生，操作人应站在绝缘垫上。

（7）变更接线或试验结束后，应断开试验电源，并将升压设备的高压部分放电、短路接地。

（8）试验结束后，试验人员应拆除自装的接地线和短路线，检查被试设备，并将其恢复至试验前的状态，经试验负责人复查后，清理现场。

3.3 维护与检修

3.3.1 运行维护

3.3.1.1 倒闸操作

1．倒闸操作的方式

（1）倒闸操作有就地操作和遥控操作两种方式。

（2）具备条件的设备可进行程序操作，即应用可编程计算机进行的自动化操作。

2．倒闸操作的分类

（1）监护操作，是指有人监护的操作。

1）监护操作时，其中对设备较为熟悉者做监护。

2）经设备运维管理单位考试合格、批准的检修人员，可进行配电线路、设备的监护操作，监护人应是同一单位的检修人员或设备运维人员。检修人员操作的设备和接、发令程序及安全要求应由设备运维管理单位批准，并报相关部门和调度控制中心备案。

（2）单人操作，是指一人进行的操作。

1）若有可靠的确认和自动记录手段，可实行远方单人操作。

2）实行单人操作的设备、项目及操作人员需经设备运维管理单位或调度控制中心批准。

3．操作发令

（1）倒闸操作应根据值班调控人员或运维人员的指令，受令人复诵无误后执行。发布指令应准确、清晰，使用规范的调度术语和线路名称、设备双重名称。

（2）发令人和受令人应先互报单位和姓名，发布指令的全过程（包括对方复诵指令）和听取指令的报告时，高压指令应录音并做好记录，低压指令应做好记录。

（3）操作人员（包括监护人）应了解操作目的和操作顺序。对指令有疑问时应向发令人询问清楚无误后执行。

（4）发令人、受令人、操作人员（包括监护人）均应具备相应资质。

4．操作票

（1）高压电气设备倒闸操作一般应由操作人员填用配电倒闸操作票。每份操作票只能用于一个操作任务。

（2）下列工作可以不用操作票：

1）事故紧急处理。

2）拉合断路器（开关）的单一操作。

3）程序操作。

4）低压操作。

5）工作班组的现场操作。

以上 1）～4）的工作，在完成操作后应做好记录，事故紧急处理应保存原始记录。工作班组的现场操作执行（由工作班组现场操作时，若不填用操作票，应将设备的双重名称，线路的名称、杆号、位置及操作内容等按操作顺序填写在工作票上）的要求。由工作班组现场操作的设备、项目及操作人员需经设备运维管理单位或调度控制中心批准。

（3）操作人和监护人应根据模拟图或接线图核对所填写的操作项目，分别手工或电子签名。

（4）操作票应用黑色或蓝色的钢（水）笔或圆珠笔逐项填写。操作票票面上的时间、地点、线路名称、杆号（位置）、设备双重名称、动词等关键字不得涂改。若有个别错、漏字需要修改、补充时，应使用规范的符号，字迹应清楚。用计算机生成或打印的操作票应使用统一的票面格式。

（5）操作票应事先连续编号。计算机生成的操作票应在正式出票前连续编号，操作票按编号顺序使用。作废的操作票应注明“作废”字样，未执行的操作票应注明“未执行”字样，已操作的操作票应注明“已执行”字样。操作票至少应保存 1 年。

（6）下列项目应填入操作票内：

1）拉合设备［断路器（开关）、隔离开关（刀闸）、跌落式熔断器、接地开关等］，验电，装拆接地线，合上（安装）或断开（拆除）控制回路或电压互感器回路的空气开关、熔断器，切换保护回路和自动化装置，切换断路器（开关）、隔离开关（刀闸）控制方式，检验是否确无电压等。

2）拉合设备［断路器（开关）、隔离开关（刀闸）、接地开关等］后检查设备的位置。

3）停、送电操作，在拉合隔离开关（刀闸）或拉出、推入手车开关前，检查断路器（开关）确在分闸位置。

4）在倒负荷或解、并列操作前后，检查相关电源运行及负荷分配情况。

5）设备检修后合闸送电前，检查确认送电范围内接地开关已拉开、接地线已拆除。

6）根据设备指示情况确定的间接验电和间接方法判断设备位置的检查项。

5．倒闸操作的基本要求

（1）倒闸操作前，应核对线路名称、设备双重名称和状态。

（2）现场倒闸操作应执行唱票、复诵制度，宜全过程录音。操作人应按操作票填写的顺序逐项操作，每操作完一项，应检查确认后做一个"√"记号，全部操作完毕后进行复查。复查确认后，受令人应立即汇报发令人。

（3）监护操作时，操作人在操作过程中不得有任何未经监护人同意的操作行为。

（4）倒闸操作中产生疑问时，不得更改操作票，应立即停止操作，并向发令人报告。待发令人再行许可后，方可继续操作。任何人不得随意解除闭锁装置。

（5）在发生人身触电事故时，可以不经许可，立即断开有关设备的电源，但事后应立即报告值班调控人员（或运维人员）。

（6）停电拉闸操作应按照断路器（开关）—负荷侧隔离开关（刀闸）—电源侧隔离开关（刀闸）的顺序依次进行，送电合闸操作应按与上述相反的顺序进行。禁止带负荷拉合隔离开关（刀闸）。

（7）操作后的位置检查应以设备实际位置为准；无法看到实际位置时，应通过间接方法，如设备机械位置指示、电气指示、带电显示装置、仪表及各种遥测、遥信等信号的变化来判断设备位置。判断时，至少应有两个非同样原理或非同源的指示发生对应变化，且所有这些确定的指示均已同时发生对应变化，方可确认该设备已操作到位。检查中若发现其他任何信号有异常，均应停止操作，查明原因。若进行遥控操作，可采用上述的间接方法或其他可靠的方法判断设备位置。

对部分无法采用上述方法进行位置检查的配电设备，各单位可根据自身设备情况制订检查细则。

（8）解锁工具（钥匙）应封存保管，所有操作人员和检修人员禁止擅自使用解锁工具（钥匙）。若遇特殊情况需解锁操作，应经设备运维管理部门防误操作闭锁装置专责人或设备运维管理部门指定并经公布的人员到现场核实无误并签字，由运维人员告知值班调控人员后，方可使用解锁工具（钥匙）解锁。单人操作、检修人员在倒闸操作过程中禁止解锁；若需解锁，应待增派运维人员到现场，履行上述手续后处理。解锁工具（钥匙）使用后应及时封存并做好记录。

（9）断路器（开关）与隔离开关（刀闸）无机械或电气闭锁装置时，在拉开隔离开关（刀闸）前应确认断路器（开关）已完全断开。

（10）操作机械传动的断路器（开关）或隔离开关（刀闸）时，应戴绝缘手套。操作没有机械传动的断路器（开关）、隔离开关（刀闸）或跌落式熔断器，应使用绝缘棒。雨天室外高压操作，应使用有防雨罩的绝缘棒，并穿绝缘靴、戴绝缘手套。

（11）装卸高压熔断器，应戴护目镜和绝缘手套。必要时使用绝缘操作杆或绝缘夹钳。

（12）雷电时，禁止就地倒闸操作和更换熔丝。

（13）单人操作时，禁止登高或登杆操作。

（14）配电线路和设备停电后，在未拉开有关隔离开关（刀闸）和做好安全措施前，不得触及线路和设备或进入遮栏（围栏），以防突然来电。

3.3.1.2 低压电气操作

（1）操作人员接触低压金属配电箱（表箱）前应先验电。

（2）有总断路器和分路断路器的回路停电，应先断开分路断路器，后断开总断路器。送电操作顺序与此相反。

（3）有刀开关和熔断器的回路停电，应先拉开刀开关，后取下熔断器。送电操作顺序与此相反。

（4）有断路器和插拔式熔断器的回路停电，应先断开断路器，并在负荷侧逐相验明确无电压后，方可取下熔断器。

3.3.1.3 砍剪树木

（1）砍剪树木应有人监护。

（2）砍剪靠近带电线路的树木，工作负责人应在工作开始前，向全体作业人员说明电力线路有电；人员、树木、绳索应与导线保持表 3-2 规定的安全距离。

表 3-2　　邻近或交叉其他高压电力线工作的安全距离

电压等级（kV）	安全距离（m）	电压等级（kV）	安全距离（m）
10 及以下	1.0	±50	3.0
20、35	2.5	±400	8.2
66、110	3.0	±500	7.8
220	4.0	±660	10.0

（3）待砍剪的树木下方和倒树范围内不得有人逗留。

（4）为防止树木（树枝）倒落在线路上，应使用绝缘绳索将其拉向与线路相反的方向，绳索应有足够的长度和强度，以免拉绳的人员被倒落的树木砸伤。

（5）砍剪山坡树木应做好防止树木向下弹跳接近线路的措施。

（6）砍剪树木时，应防止马蜂等昆虫或动物伤人。

（7）上树时，应使用安全带，安全带不得系在待砍剪树枝的断口附近或以上。不得攀抓脆弱和枯死的树枝；不得攀登已经锯过或砍过的未断树木。

（8）风力超过 5 级时，禁止砍剪高出或接近带电线路的树木。

（9）使用油锯和电锯的作业，应由熟悉机械性能和操作方法的人员操作。使用时，应先检查所能锯到的范围内有无铁钉等金属物件，以防金属物体飞出伤人。

3.3.2 检修维护

3.3.2.1 低压线路和接户线

（1）更换和补强断股的导线、处理接触不良的接头，更换松绑的扎线。

（2）调整导线弧垂，调整过引线、引下线对交跨的和相邻部件的距离。

（3）清扫和更换不合格的绝缘子和金具。

（4）调整和更换地线，紧固各部件的螺母。

（5）补强和更换电杆、横担及接户线支架。

（6）调整倾斜的电杆和横担，对杆根进行培土、夯实。

（7）按照《电力设施保护条例》和 DL/T 477—2021《农村电网低压电气安全工作规程》有关规定，修剪或砍伐线路保护范围的树木。

（8）修补或更换绝缘损坏的接户线。

3.3.2.2　配电室（箱）

（1）修理配电室（箱）损坏的门（窗）。

（2）清扫配电屏（箱），修理损坏的设备和仪表。

（3）更换或紧固各部件接线端子。

（4）修理或更换损坏的绝缘导线和接地线。

3.3.2.3　检修周期

（1）登杆塔检查，一般五年至少一次。

（2）绝缘子清扫，根据污秽程度确定。

（3）盐、碱、低洼地区混凝土杆根部检查，一般五年一次，发现问题后每年一次。

（4）导线连接线夹检查，五年至少一次。

（5）拉线根部检查，五年一次。

（6）镀锌钢绞线，三年一次，锈后每年一次。

（7）镀锌拉线棒，五年一次，锈后每年一次。

第 4 章　典型施工工艺及验收要点

本章介绍了农村低压电网规划、设计和建设标准，统一施工工艺要求，提高施工工艺水平，推动施工技术水平进步和工程建设质量的提升；根据国家和电力行业管理的有关法律、法规、标准、规程、导则等，立足于满足用电负荷的增长，提高农村低压电网运行经济性，同时结合农村低压电网的实际情况，适用于农村低压电网的规划、建设、改造工程，并作为今后项目立项决策和审批的依据，全面规范和指导农网低压项目管理。

4.1　典型施工工艺

4.1.1　低压配电设备

4.1.1.1　低压综合配电箱（柜）

（1）适用范围：农村居住区。

（2）安装方式及要求：应采用双杆悬挂、落地式安装方式，特殊地形条件可采用单杆悬挂（内侧、外侧）安装方式。

1）配电箱应牢固的安装于支架或基础上，支架安装方式箱底距地面的高度不低于 1.5m，并采取防止攀登的措施。支架安装高于 1.5m 需视情况（便于操作且注意安全）考虑设置操作平台。落地安装方式，基础高出地面应大于 300mm。

2）安装后箱底距地面高度低于 1m 的配电箱，四周应设置安全围栏，围栏高度不低于 1.8m，栏条间净距不大于 0.1m，围栏距配电箱的外廓净距不应小于 0.8m，各侧悬挂“高压危险，严禁入内”的警示牌。

3）配电箱应垂直安装（误差不大于 1.5mm/m）、牢固、完好，无损伤。配电箱水平倾斜不大于托架长度的 1/100。宜采用螺栓固定，不宜采用点焊。

4）综合配电箱箱体应可靠接地，箱体内应预留工作接地端子，不允许与零线共用。农村地区综合变压器低压侧中性线仅在电源侧接地，低压线后段不做接地。箱（柜）门关合完好到位，警示标志齐全，外壳接地可靠，接地电阻不大于 10Ω。

4.1.1.2　低压电缆分支箱

（1）适用范围：新农村集中居住区、集镇（街道）低压线路采用电缆供电方式的。

（2）安装方式及要求：落地式。

1）电缆分支箱基础高出地面应大于 150mm，电缆井深度应大于 1000mm。

2）电缆接线端子压接时，线端子平面方向应与母线套管铜平面平行。

3）柜体接地可靠、工艺美观，警示标志齐全，接地电阻满足设计及规范要求。

4.1.2　低压进、出线电缆

4.1.2.1　选型

进线选用 EFR-300 单芯铜电缆；出线选用截面积不小于 150mm^2 四芯铜电缆。

4.1.2.2　安装方式及要求

落地式、直接上杆。

4.1.2.3　连接方式

（1）变压器低压接线柱应使用铜设备线夹或铜握手线夹与电缆连接。

（2）配电箱出线电缆应用铜线鼻子与配电箱内塑壳断路器下桩头或熔断器下桩头连接，铜线鼻子与电缆连接宜采用压接。

（3）出线电缆应用铜线鼻子、绝缘铜铝并沟线夹与线路侧导线连接。

4.1.2.4　落地安装

（1）电缆表面距地面距离不应小于 0.7m，穿越行车道、农田敷设时不应小于 1m，并应采取保护措施。

（2）电缆之间，电缆与其他管道、道路、建筑物平行或交叉时的最小净距应符合 GB 50168—2018《电气装置安装工程电缆线路施工及验收标准》规定。严禁将电缆平行敷设于其他管道的上方或下方。

（3）电缆穿越道路及建筑物或引出地面高度在 2m 以下的部分，均应穿钢管保护，并做封堵。

4.1.2.5　直接上杆安装

（1）金属制的电缆支架应采取防腐措施。电缆支架表面光滑，无尖角和毛刺，垂直安装支架间距不大于 1.5m。

（2）在终端、接头或转弯处紧邻部位的电缆上，应有不少于一处的刚性固定。

（3）在垂直或斜坡上的高位侧，刚性固定不宜少于两处。

（4）电缆敷设完毕后，应根据设计要求将电缆固定在电缆支架上。

4.1.3　低压线路

4.1.3.1　杆塔

1．选型

非预应力水泥电杆（ϕ190×10m、ϕ190×12m、ϕ190×15m）。

2．适用范围

（1）低压架空线路一般采用 10m 及以上的电杆。耐张、转角、终端等受力较大的电杆应加装底盘，同时考虑其承载重量，双层以上大截面积导线根据杆坑土质结构以及电杆承载重量情况加装。架空配电线路的杆塔分为直线杆型、耐张杆型和混合杆型三类。直线杆型包括直线杆、直线转角杆；耐张杆型包括耐张杆、转角杆和终端杆；混合杆型包括 T 接杆、十字杆、电缆杆等。

（2）直线转角杆的转向不宜大于 15°，条件不允许时也可采用法兰杆。

3．安装方式及要求

（1）基础开挖。

1）基坑施工前的定位应符合设计要求。

2）电杆的埋设深度，应根据土质及负荷条件计算确定，但不应小于杆长的 1/6。埋深允许偏差应为＋100mm、－50mm。电杆埋设深度参考数值见表 4-1。

表 4-1　　电杆埋设深度参考数值

杆长（m）	8	9	10	12	15
埋深（m）	1.5	1.6	1.7	1.9	2.3

3）基坑底使用底盘时，坑底表面应保持水平，底盘安装尺寸误差应符合设计要求。底盘的圆槽面应与电杆中心线垂直，找正后应填土夯实至底盘表面。底盘安装允许偏差，应使电杆组立后满足电杆允许偏差规定。

4）基坑回填土时，土块应打碎，基坑每回填 500mm 应夯实一次；回填土后的电杆基坑宜设置防沉土层。

（2）低压直线杆。

1）电杆组立应正直，直线杆横向位移不应大于 50mm，杆梢偏移不应大于梢径的 1/2。

2）直线杆单横担应装于受电侧，横担的上下歪斜和左右扭斜，从横担端部测量不应大于 20mm。横担等镀锌制品应热浸镀锌。

3）杆塔标志（杆号、相位、警示牌，三米线）齐全、清晰。

（3）低压耐张杆。

1）电杆组立应正直，直线杆横向位移不应大于 50mm，杆梢偏移不应大于梢径的 1/2；转角杆紧线后不向内角倾斜，向外角倾斜不应大于 1 个梢径。

2）横担的上下歪斜和左右扭斜，从横担端部测量不应大于 20mm。横担等镀锌制品应热浸镀锌。

3）主引线搭接应呈均匀弧度、无硬弯；必要时应加装绝缘子。导线间的连接应采用并沟线夹，$70mm^2$ 及以下的导线可以采用绑扎连接。

4）杆塔标志（杆号、相位、警示牌，三米线）齐全、清晰。

（4）低压转角杆。

1）电杆组立应正直，转角杆紧线后不向内角倾斜，向外角倾斜不应大于1个梢径。

2）转角杆的承力横担应装于拉线侧。横担的上下歪斜和左右扭斜，从横担端部测量不应大于20mm；横担间的距离不小于300mm。

3）主引线搭接应呈均匀弧度、无硬弯；必要时应加装绝缘子。导线间的连接应采用并沟线夹，70mm^{2}及以下的导线可以采用绑扎连接。

4）杆塔标志（杆号、相位、警示牌，三米线）齐全、清晰。

（5）低压分支杆。

1）电杆组立应正直，转角杆紧线后不向内角倾斜，向外角倾斜不应大于1个梢径。

2）转角杆的承力横担应装于拉线侧。横担的上下歪斜和左右扭斜，从横担端部测量不应大于20mm；横担间的距离不小于300mm。

3）主引线搭接应呈均匀弧度、无硬弯；必要时应加装绝缘子。导线间的连接应采用并沟线夹，70mm^{2}及以下的导线可以采用绑扎连接。

4）杆塔标志（杆号、相位、警示牌，三米线）齐全、清晰。

（6）低压终端杆。

1）电杆组立应正直，终端杆紧线后不向受力侧倾斜，向拉线侧倾斜不应大于1个梢径。

2）终端杆的承力横担应装于拉线侧；横担的上下歪斜和左右扭斜，从横担端部测量不应大于20mm。

3）杆塔标志（杆号、相位、警示牌，三米线）齐全、清晰。

4.1.3.2　导线

1．选型

JKLYJ-70mm^2、120mm^2、185mm^2，JKLGYJ-70mm^2、120mm^2、185mm^2。

2．适用范围

原则上低压架空线路主干线截面积185mm^2，支线截面积120mm^2，特殊情况需进行载流量验算。三线四线制线路中性线截面积应与相线截面积相同。

3．安装方式及要求

（1）导线架设。

1）低压线路与同一电源中压配电线路同杆架设时，在中压配电线路出现分段处，同杆架设的低压线路不应跨越分段开关。不同电源的电力线路严禁同杆架设。

2）线路档距：普通绝缘导线一般控制在 40m 以内，最大不超过 50m；特殊情况可采用钢芯铝导线，但必须经过强度校验。

3）导线的设计弧垂，根据已有线路的运行经验或按所选定的气象条件计算确定（参见附录通用设计弧垂表）。导线紧好后，弧垂误差不应超过设计弧垂的±5%。档距内的各相弧垂应一致，相差不应大于 50mm。

4）导线一般采用水平排列，中性线应靠近电杆侧，并有明显的标识。

5）不同规格、不同金属、不同绞制方向的导线，严禁在一个耐张段内连接。

（2）跳线。连接时相间距离不小于 150mm，对电杆、横担、拉线距离不小于 50mm。采用并沟线夹连接时，每相不少于两个。采用绑扎连接时，绑扎长度根据导线截面积确定，应符合表 4-2 的规定。

表 4-2　跳线绑扎长度

导线截面积（mm^2）	绑扎长度（mm）
35 及以下	≥150
50	≥200
70	≥250

（3）接地挂环。架空绝缘线路装设验电接地环处均应进行绝缘护封或加装专用绝缘护罩，以便防止雨水进入接头绝缘层内。

安装位置：出线、转角、分支等。

（4）导线固定及附件。

1）直线转角杆：导线应固定在绝缘子转角外侧的槽内。

2）直线跨越杆：导线应双绝缘子固定，导线本体不应在固定处出现角度。

3）裸铝导线在绝缘子或线夹上固定应缠绕铝包带，缠绕长度应超出接触部分 30mm。铝包带的缠绕方向应与外层线股的绞制方向一致。

4）铜绞线与铝绞线的接头，宜采用铜铝过渡线夹、铜铝过渡线。

5）每相线夹数量不应少于 2 个。线路每相引流线、引下线与邻相的引流线、引下线或导线之间安装后的净空距离不应小于 150mm。导线与拉线、电杆或构架之间安装后的净距不应小于 100mm。

4.1.3.3 拉线及拉盘

1．选型

钢绞线 GJ-50、GJ-80，拉盘 LP-8，拉线保护套，拉线棒。

2．安装方式及要求

（1）拉线安装。

1）拉线与电杆的夹角一般为 45°，当受地形限制时，也不应小于 30°。

2）终端杆的拉线及耐张杆承力拉线应与线路方向对正；分角拉线应与线路分角线方向对正；防风拉线应与线路方向垂直。15°以内不开断导线的转角杆只打外角侧拉线；15°～60°转角杆应打顺线方向拉线，必要时应增打外角侧拉线，并使其受力均匀；60°～90°转角杆可只打顺线方向拉线。

3）拉线弯曲部分不应有明显松股，拉线断头处与拉线主线应固定可靠。UT 线夹及楔形线夹固定安装时线夹舌板与拉线接触应紧密，受力后无滑动现象，线夹凸肚在尾线侧，安装时不应损伤线股。

4）UT 线夹的螺杆应露扣，并应有不小于 1/2 螺杆丝扣长度可供调紧。拉线调好后，UT 线夹的双螺母应并紧。线夹处露出的尾线长度为 300mm～500mm，尾线弯回后用钢线卡子（马鞍轧头）在距线头 50mm 处与本线扎牢。

5）当同一组拉线使用双线夹并采用连板时，其尾线端的方向应统一。

6）拉线棒的直径应根据计算确定，但其直径不应小于 18mm。拉线棒应热镀锌。严重腐蚀地区，拉线棒直径应适当加大 2～4mm 或采取其他有效的防腐措施。

7）杆塔拉线应安装拉线绝缘子及拉线防撞保护管。在断拉线的情况下，拉线绝缘子应低于最下层导线（包括同杆架设、交跨的低压线及路灯线等），但距地面不应小于2.5m。拉线防撞保护管应采用反光材料，装设于拉线近UT型线夹侧，长度不小于1.8m。

（2）拉盘的安装。

1）拉线的埋设深度，应根据土质条件和电杆的倾覆力矩确定，其抗拔稳定安全系数，直线杆不应小于1.5，耐张杆不应小于1.8，转角杆、终端杆不应小于2.0。

2）拉线坑的回填土，应每回填300mm夯实一次，最后培起高出地面300mm的防沉土台，在拉线易受洪水冲刷的地方，应设保护桩或采取其他加固措施。

3）拉线棒与拉盘应垂直，连接处应采用U型挂环，其外露地面部分的长度应为500～700mm。

4.1.3.4 金具及铁件

1．横担安装方式及要求

（1）横担距离杆梢200mm，安装应平正；横担端部上下歪斜不应大于20mm；横担端部左右扭斜不应大于20mm；双杆的横担，横担与电杆连接处的高差不应大于连接距离的5/1000，左右扭斜不应大于横担总长度的1/100。

（2）直线杆横担应装于受电侧；分支杆、90°转角杆及终端杆横担应装于拉线侧；横担安装应平整，横担端部上下歪斜和左右扭斜不应大于20mm。

（3）转角杆的横担，应根据受力情况确定。一般情况下，15°以下转角杆，可采用单横担；15°～30°转角杆，可采用双横担夹合固定；30°～45°转角耐张杆，宜采用双横担；45°以上转角杆，宜采用十字横担。

2．金具、绝缘子安装方式及要求

（1）采用节能型、压缩式铝合金耐张线夹或预绞式耐张线夹。绝缘耐张线夹、并沟线夹应选用同绝缘导线相匹配的型号，绝缘导线选择使用NXL型、NXJ型耐张线夹，裸导线推荐使用NXL型耐张线夹。

（2）金具及绝缘部件应符合如下规定：金具组装配合应良好，安装前应进行外观检查，且应符合规定：表面光洁，无裂纹、毛刺、飞边、砂眼、气泡等缺陷；线夹转动灵活，与导线接触面符合要求；镀锌良好，无锌皮剥落、锈蚀现象。铁件与瓷件组合无歪斜现象，且结合紧密，铁件镀锌良好。

4.1.3.5　低压线路电缆

1．选型

铜电缆 YJV22-0.6/1-4×70mm^2、95mm^2、120mm^2、150mm^2、240mm^2。

2．安装方式及要求

（1）电缆地埋敷设。

1）敷设电缆前，应检查电缆表面有无机械损伤；并用 1kV 绝缘电阻表摇测绝缘，绝缘电阻一般不低于 10MΩ。

2）电缆表面距地面距离不应小于 0.7m，穿越行车道、农田敷设时不应小于 1m，并应采取保护措施。地埋电缆的沟底应无硬质杂物，沟底铺 100mm 厚的细土或黄砂，电缆敷设时应留全长 0.5%～1%的裕度，敷设后再加盖 100mm 的细土或黄砂，然后用水泥盖板保护，其覆盖宽度应超过电缆两侧各 50mm，也可用砖块替代水泥盖板。

3）电缆之间，电缆与其他管道、道路、建筑物平行或交叉时的最小净距应符合 GB 50168—2018《电气装置安装工程　电缆线路施工及验收标准》规定。严禁将电缆平行敷设于其他管道的上方或下方。

4）电缆穿越道路及建筑物或引出地面高度在 2m 以下的部分，均应穿钢管保护，并做封堵。

5）敷设电缆时，应防止电缆扭伤和过分弯曲。电缆弯曲半径与电缆外径比值，不应小于下列规定：

a．聚氯乙烯护套多芯电力电缆为 10 倍。

b．交联聚乙烯护套多芯电力电缆为 15 倍。

（2）电缆架空。

1）对于较短且不便地埋的电缆可采用架空敷设，架空敷设时应采用钢绞线支撑，架空敷设的电缆截面积不宜过大，考虑到环境温度的影响，架空敷设的电缆载流量宜按小一规格截面积的电缆载流量考虑。

2）支撑架空电缆的钢绞线应满足荷载要求，并全线良好接地，在转角处需打拉线或顶杆。

3）架空敷设的电缆不宜设置电缆接头。

（3）电缆排管。

1）包封及底板混凝土采用 C20 混凝土，钢筋为 HRB400 型，钢筋保护层厚度不小于 25mm。

2）排管顶面距地面深度为 0.7m。

3）管枕每间隔 1.5～2.0m 布置一道，采用 C20 混凝土预制。

（4）电缆沟（井）盖板。

1）电缆沟盖板角钢框规格与电缆沟盖板厚度匹配。

2）盖板外观质量表面应平整，无扭曲、变形，色泽均匀。盖板安装平稳、顺直。

3）沟道盖板钢边框偏差：长度±2mm，宽度±2mm，对角线不大于 2mm。

4）沟道盖板偏差：长度±3mm，宽度±3mm，厚度±2mm，对角线不大于 3mm，表面平整度不大于 3mm。

（5）电缆标志桩。

1）尺寸：水泥材料 $L_1=80$，$L=100$，$H_1=150$，$H_2=250$，$\alpha=45°$。复合材料参考水泥材料。

2）材质：水泥、复合材料。

3）安装位置：电缆行经绿化带、农田时，直线段每隔 50m 应设置电缆标志桩。城镇地区采用复合材料电缆标志桩；农村地区采用水泥电缆标志桩。

4.1.4　接户装置

安装方式及要求：①单一用户；②多用户；③沿墙敷设用户（含墙转角）。

（1）接户电杆。

1）接户线档距一般不大于 25m，超过 25m 时，应加装接户杆。

2）接户杆应采用 8m 及以上的水泥电杆。

（2）下引线及横担。

1）接户线改造每路下线必须使用接户横担，每根电杆原则上使用接户横担数量不得超过 2 根（可采用低压两线横担或低压四线横担）。

2）接户线采用的钢材横担应按受力情况进行强度计算，其规格不应小于：∠63mm×∠63mm×6mm。接户线单路下线时可采用规格为 63mm×63mm×6mm×800mm 的低压两线横担。多路下线也可使用规格为 63mm×63mm×6mm×1500mm 的低压四线横担。

3）接户线单横担的安装，应装于受电侧，横担抱箍装设在接户线侧。

4）接户线横担安装应平整，安装偏差不应超过下列规定数值：横担端部上下歪斜：20mm；横担端部左右扭斜：20mm。

5）搭接时接户线应有一定的裕度，不宜过紧，搭接方向尽量保持一致。

（3）第一支持物（接户线支架）。

1）接户线支架宜采用 50mm×50mm×5mm 的角钢，接户线的支持构架应牢固。

2）墙头铁板一般使用 L 铁、T 形铁板、工字铁板。用膨胀螺栓固定。

3）第一支持物离地面高度不高于 4m，不低于 3m，在主要街道不应低于 3.5m，在特殊情况下最低不应低于 2.5m，否则应采取加高措施。

4）沿墙敷设的接户线，档距不应大于 6m。对住宅大楼沿墙敷设的接户线支持物间距离可适当加大，最大不应超过 10m。接户线沿墙敷设时，两端应使用加强型 L 铁，中间使用普通型 L 铁。

（4）接户线的安装和搭接。

1）接户线沿墙敷设时应用完整的导线放到最后一个进户线，各进户点在导线上搭接，尽可能减少接头。

2）铜芯绝缘线、铝芯绝缘线与架空线路，应采用钳压、线夹连接方法。

3）铜芯绝缘线与铝芯绝缘线连接时，应采取铜铝过渡连接。

4）接户线绑扎一般使用截面积 4mm^2 单芯铝芯线，绑扎长度 10～12cm。

5）搭接时非相同材质的导线不得直接搭接，必须使用接续金具，如铜铝异型并沟线夹-型号：JBTL-16-120/2。搭接留有一定裕度。

6）截面积 25mm^2 及以上的接户线搭接时应使用两只异型并沟线夹。两只线夹相距为 5～10cm。

7）多组导线搭接时，搭接方向及长度，角度应尽量保持一致。

8）绝缘线连接后必须进行绝缘处理。绝缘线的全部端头、接头都要进行绝缘护封，不得有导线、接头裸露，防止进水。

（5）进户线的安装。

1）一组进户线对应一个用户表箱。一般采用 PVC 刚性绝缘导管进户。进户点应安装在接户线支持物或沿墙支持物的下方 0.2m 处，并使进户点与接户线的垂直距离在 0.4m 以内，进户点离地高度一般不低于 2.6m。

2）进户线的 PVC 刚性绝缘导管和电能表箱连接处应采用下进线、下出线方式，即从电能表箱底部进入，管口进入 2～3cm。如因现场原因无法采用下进线的，从侧面进入的必须进行封堵措施。

3）进户线进户的管口应加装弯头，使管口向下。进户线应有足够的长度，在进户管口前应做滴水弯。根据进户管和墙头铁板的垂直距离，滴水弯的底部和进户管口的垂直距离应在 5～15cm。

4）进户线的 PVC 刚性绝缘导管的安装应整齐美观，PVC 刚性绝缘导管的连接部位应使用 PVC 胶水粘连。用管卡均匀固定，每个转角部位必须钉管卡。

5）接户电缆无需穿管。

（6）单表箱安装。

1）表箱宜安装在户外，应采用单户接户安装方式，安装高度为表箱下沿距地面 1.8～2.0m 之间，并应具有防雨和防阳光直射计量表计等防护措施。

2）户外单体电能表箱安装时，其接户线可直接穿管接入电能表箱。接入时应注意先接入表前开关，后接入电能表。

3）沿墙敷设的接户线，可沿线路安装进户线进行搭接。

4）安装于户外的表箱应采用下进、下出进出线方式，并采取防止阳光直射的措施。

5）箱体采用膨胀螺栓固定安装，安装牢固、平整。

6）对采用嵌入式安装方式时，应采取相应措施减少墙体对箱体的压力。

（7）集中表箱安装。

1）集中表箱不应用于散户的表计安装。

2）楼道单元集中电能表箱采用嵌入式安装方式时，表箱下沿对地距离不少于 1.4m。金属外壳的电表箱箱体必须接地。其进户线应先穿管接入专用转接箱或电源开关，后用 BV-10 的铜芯线接入各电能表。

3）对集中组合计量箱现场采用二次安装方式的，在装表接电重新安装计量箱电气安装板时，应保证底箱与电气安装板一一对应，各部件机构安装，以及电气连接应正确、牢固、可靠。

4）金属多表位电能表箱必须接地。

（8）小动力配电箱。

1）应安装在牢固的构件上，也可暗装或明装于墙壁上，箱底距地面高度不低于 1.6m，并采取防止攀登的措施。

2）配电箱的进出引线，应采用具有绝缘护套的绝缘电线或电缆，穿越箱壳时加套管保护。

3）接地体的要求：应有独立的接地体，可选用圆钢和角钢等耐腐材料，接地电阻不应大于 4Ω。

4.2 验收要点

4.2.1 配电综合箱

（1）配电箱牢固吊装于支架上，箱底距地面的高度不低于 2m，并采取防止攀登的措施。

（2）配电箱垂直安装，配电箱水平倾斜不大于托架长度的 1/100，采用螺栓固定，不得采用点焊。

（3）配电综合箱内部接线正确，工艺美观。

（4）箱体可靠接地，箱（柜）门关合完好到位，警示标志齐全。

4.2.2　低压进出线电缆

4.2.2.1　连接方式

（1）变压器低压接线柱使用铜设备线夹或铜握手线夹与电缆连接。

（2）配电箱出线电缆用铜线鼻子与配电箱内塑壳断路器下桩头或熔断器下桩头连接，铜线鼻子与电缆连接宜采用压接。

（3）出线电缆用铜线鼻子、绝缘铜铝并沟线夹与线路侧导线连接。

4.2.2.2　落地安装

（1）电缆表面距地面距离不小于0.7m，穿越行车道、农田敷设时不小于1m，并采取保护措施。

（2）电缆之间，电缆与其他管道、道路、建筑物平行或交叉时的最小净距符合GB 50168—2018《电气装置安装工程　电缆线路施工及验收标准》规定。严禁将电缆平行敷设于其他管道的上方或下方。

（3）电缆穿越道路及建筑物或引出地面高度在2m以下的部分，均穿钢管保护，并做封堵。

4.2.2.3　直接上杆安装

（1）金属制的电缆支架采取防腐措施。电缆支架表面光滑，无尖角和毛刺，垂直安装支架间距不大于1.5m。

（2）在终端、接头或转弯处紧邻部位的电缆上，有不少于一处的刚性固定。

（3）在垂直或斜坡上的高位侧，刚性固定不宜少于两处。

（4）电缆敷设完毕后，根据设计要求将电缆固定在电缆支架上。

4.2.2.4　电缆保护管封堵

电缆保护管封堵采用新型硅橡胶材质电缆管封堵帽。

4.2.3　电杆组立

（1）电杆位移顺线路方向不超过设计档距的3%，横线路方向不超过50mm。

（2）直线杆组立正直，直线杆横向位移不大于50mm，杆梢偏移不大于梢径的 1/2。

（3）耐张转角杆组立正直，终端杆紧线后不向受力侧倾斜，向拉线侧倾斜不大于 1 个杆梢；转角杆紧线后不向内角侧倾斜，向外角侧倾斜不大于 1 个梢径。

（4）横担安装距离杆顶 200mm，并安装平整，端部上下歪斜及左右扭斜不大于 20mm。

4.2.4 低压架空线路

（1）低压线路与同一电源中压配电线路同杆架设时，在中压配电线路出现分段处，同杆架设的低压线路不跨越分段开关。不同电源的电力线路严禁同杆架设。

（2）线路档距：普通绝缘导线一般控制在 40m 以内，最大不超过 50m。

（3）导线的设计弧垂，根据已有线路的运行经验或按所选定的气象条件计算确定。导线紧好后，弧垂误差不超过设计弧垂的±5%。档距内的各相弧垂一致，相差不大于 50mm。一般 JKLYJ-185 为 0.631m，JKLYJ-120 为 0.7m，一般档距导线弛度相差不超过 50mm。

（4）导线一般采用水平排列，零线靠近电杆侧，并有明显的标识。

（5）不同规格、不同金属、不同绞制方向的导线，严禁在一个耐张段内连接。

（6）连接时相间距离不小于 150mm，对电杆、横担、拉线距离不小于 50mm。采用并沟线夹连接时，每相不少于两个。

（7）低压线路每相的过引线、引下线与邻相的过引线、引下线或导线之间的净空距离不应小于 0.15m；低压线路导线间距离不应小于 0.2m；低压线路的导线与拉线、电杆或构架间的净空距离不应小于 0.1m。

（8）支撑零线的绝缘子与支撑相线的绝缘子在颜色上应有明显区分。

4.2.5 拉线

（1）拉线与电杆的夹角一般成 45°，当受地形限制时，也不小于 30°。

（2）拉线弯曲部分不有明显松股，拉线断头处与拉线主线固定可靠。UT

型线夹及楔形线夹固定安装时线夹舌板与拉线接触紧密，受力后无滑动现象，线夹凸肚在尾线侧，安装时不损伤线股。

（3）UT 型线夹的螺杆露扣，并有不小于 1/2 螺杆丝扣长度可供调紧。拉线调好后，UT 型线夹的双螺母并紧。线夹处露出的尾线长度为 300～500mm，尾线弯回后用钢线卡子（马鞍轧头）在距线头 50mm 处与本线扎牢。

（4）当同一组拉线使用双线夹并采用连板时，其尾线端的方向统一。

（5）杆塔拉线安装拉线绝缘子及拉线防撞保护管。在断拉线的情况下，拉线绝缘子低于最下层导线（包括同杆架设、交跨的低压线及路灯线等），但距地面不小于 2.5m。拉线防撞保护管采用反光材料，装设于拉线近 UT 型线夹侧，长度不小于 1.8m。

4.2.6　接户线

（1）接户线用横担选择二线或四线横担。接户横担与主线横担间距在 30～40cm。横担端部左、右扭斜不应大于 20mm；横担端部上、下歪斜不应大于 20mm；中性线采用棕色绝缘子。

（2）接户线档距不超过 25m；沿墙敷设的不超过 6m；住宅大楼最多不超过 10m，总长不超过 60m。

（3）自电杆直接引下的接户线档距在 25m 及以下，线间距为 0.15m；沿墙敷设水平排列档距在 6m 及以下的，线间距为 0.10m，垂直排列的线间距为 0.15m。

（4）接户线受电端对地面的距离不应小于 2.5m。接户线与拉线、电杆或构架间的净空距离不应小于 50mm。

（5）接户线沿墙敷设时用完整的导线放到最后一个进户线，各进户点在导线上搭接，尽可能减少接头。

（6）铜芯绝缘线、铝芯绝缘线与架空线路，采用钳压、线夹连接方法。

（7）铜芯绝缘线与铝芯绝缘线连接时，采取铜铝过渡连接。

（8）接户线绑扎一般使用截面积 4mm^2 单芯铝芯线，绑扎长度 10～12cm。

（9）搭接时非相同材质的导线不得直接搭接，必须使用接续金具，如铜铝异型并沟线夹-型号：JBTL-16-120/2。搭接留有一定裕度。

（10）25mm^2 及以上的接户线搭接时使用两只异型并沟线夹。两只线夹相距为 5～10cm。

（11）多组导线搭接时，搭接方向及长度，角度尽量保持一致。

（12）绝缘线连接后必须进行绝缘处理。绝缘线的全部端头、接头都要进行绝缘护封，不得有导线、接头裸露，防止进水。

第5章 故障及异常处理

本章介绍了故障及异常处理的典型做法及现场应急处置流程，坚持技术措施与管理措施并重的原则，加强单位工作组织，落实管理责任，切实提高农村故障及异常处理供电保障能力，提升优质服务水平；坚持供电服务快速响应，及时满足用户用电需求，确保组织到位、认识到位、措施到位、责任到位，让用户用上放心电、舒心电。

5.1 基本要求

（1）供电所要组织人员按照有关规程、规定要求进行设备的巡视、检查、试验、维护和检修，对设备缺陷做好记录，按缺陷等级分类处理。受条件限制不能立即处理的，要做好缺陷登记，安排专人加强监视，并列入“一线一案、一变一案、一户一案”中。

（2）临时停电检修及故障抢修时，应遵循安全第一的宗旨，严格执行抢修报批制度，严格执行安全工作规程，加强间接带电作业管理，加强违章作业的处罚力度。

（3）供电所24h为用户提供服务，并及时将报修信息传送给县公司层面或外协抢修人员。加强抢修队伍值班制度，值班人员不得擅自离岗，严禁他人代岗，并做好值班记录和非95598报修的回访工作。

（4）所有抢修工具（脚板、安全带、安全帽、夜间照明工具等）、材料（导线、电缆等）、备品备件等必须提前装车，确保接到报修后能立即出发。节前应对抢修车辆进行检查保养，抢修车辆只能用于抢修，车上物资需绑扎牢固，确保行车安全。抢修车辆应停在指定地点，随时听候调动。

（5）抢修负责人及抢修值班负责人第一时间到达抢修现场，统一指挥，做好故障涉及用户的解释工作。

（6）供电所人员及外协抢修人员要做到文明服务，方便用户，不得拖延抢修时间。

（7）在变压器台架下设置安全围栏，防止行人靠近、围观影响抢修工作和发生误伤事故。

（8）工作结束后，工作负责人要对故障处理情况进行检查验收，无问题后方可命令工作人员拆除接地线、核对数量，终结工作票。

（9）工作负责人向抢修值班负责人报告抢修工作全部结束，经确认后组织恢复供电；所有抢修到达现场、抢修完毕都要立即向供电所值班室汇报。

5.2 典型故障及异常处理

5.2.1 配电箱（柜）故障及异常处理

5.2.1.1 配电箱（柜）故障及异常处理

（1）各供电所原则上储备一台配电箱（柜）。

（2）配电箱烧坏无法修复，需要新领配电箱时，所长立即向公司分管负责人汇报，并联系公司仓库管理员，启动电话领料程序，先借料，后补手续。

（3）抢修过程由抢修负责人统一指挥。

（4）抢修工作负责人填写工作票或故障应急抢修单，先断开低压分路开关，再拉开配电变压器高压侧丝具，在配电变压器低压引线和各分路上各挂接地线一组；履行许可手续后，向抢修工作班成员交代本次工作任务、现场安全措施，告知危险点及防范措施，进行两交底，组织工作人员抢修。

5.2.1.2 配电箱（柜）元器件故障及异常处理

（1）各抢修队伍配备适量的配电箱（柜）元器件。

（2）特殊型号的备品备件，书面上报公司进行个别配备。

（3）抢修值班人员接到故障报告后，询问清楚地点、台区、报修人姓名、联系电话，应立即报告值班负责人，由值班负责人安排抢修人员前往现场查看，并拿出初步处理方案。

（4）更换操作按相关程序进行。

（5）在更换元器件无效的情况下，由抢修负责人向供电所汇报，供电所向公司汇报。

5.2.2 线路故障及异常处理

5.2.2.1 进出线电缆故障及异常处理

（1）抢修队伍必须至少准备两根进线电缆、三根出线电缆，做好头套，随时备用。

（2）抢修值班人员接到故障报告后，询问清楚地点、台区、报修人姓名、联系电话，应立即报告抢修值班负责人，由值班负责人安排抢修人员前往现场查看，并拿出初步处理方案。

（3）抢修过程由抢修负责人统一指挥。

（4）抢修工作负责人填写工作票或故障应急抢修单，先断开低压分路开关，再拉开配电变压器高压侧丝具，在配电变压器低压引线和各分路上各挂接地线一组；履行许可手续后，向抢修工作班成员交代本次工作任务、现场安全措施，告知危险点及防范措施，进行两交底，组织工作人员抢修。

5.2.2.2 低压线路故障及异常处理

（1）抢修值班人员接到故障报告后，询问清楚地点、台区、报修人姓名、联系电话，应立即报告值班负责人，由值班负责人安排抢修人员前往现场查看，并拿出初步处理方案。

（2）由抢修值班负责人确认是否有能力完成抢修任务，若无能力进行故障抢修，立即报告农电公司，调配其他抢修人员协助其抢修。

（3）所有的抢修都要填写工作票或故障应急抢修单，在做好安全措施、履行许可手续后，向抢修工作班成员交代本次工作任务、现场安全措施，告知危险点及防范措施，进行两交底，组织人员抢修。

5.2.2.3 接户线故障及异常处理

（1）在现场应立即使用验电器和万用表等仪器、仪表迅速找出故障点。

（2）根据情况予以处理，必要时汇报班长、配调当值或配电运检中心。

（3）低压带电作业应设专人监护，使用有绝缘柄的工具，工作时站在干燥的绝缘物上进行，并戴手套和安全帽。必须穿长袖衣工作，严禁使用锉刀、金属尺和带有金属物的毛刷、毛掸等工具。

（4）高低压同杆架设，在低压带电线路上工作时，应先检查与高压线的距离，采取防止误碰带电高压设备的措施。在低压带电导线未采取绝缘措施时，工作人员不得穿越。在带电的低压配电装置上工作时，应采取防止相间短路和单相接地的绝缘隔离措施。

（5）上杆前应先分清相、中性线，选好工作位置。断开导线时，应先断开相线，后断开中性线。搭接导线时，顺序应相反。人体不得同时接触两根线头。

（6）电能计量装置损（烧）坏必须汇报用户代表，经营销部分管领导批准后可以进行应急处理（短接），并负责将用户签字的“电能计量装置损坏要求送电申请书”送交客户服务中心。

5.3 现场应急处置

5.3.1 作业人员应对低压触电现场应急处置

5.3.1.1 工作场所

作业现场（电力生产、建设、经营生产）。

5.3.1.2 事件特征

作业人员在1000V及以下电压等级的设备上工作，发生触电，造成人身伤害。

5.3.1.3 岗位应急职责

1．事件最先发现者

（1）立即向他人求救。

（2）立即采取措施使触电者脱离电源。

2．工作负责人

（1）组织落实先期应急措施，消除或减轻事件风险。

（2）组织救助触电人员。

（3）隔离事故区域，防止次生、衍生事件。

（4）逐级汇报。

3．工作班成员

（1）保障自身安全。

（2）服从指挥，协同应急处置。

4．现场应急处置

（1）事件最先发现者应大声呼救，呼救内容要明确：某某人、在某某地点发生触电。

（2）如触电人员悬挂高处，现场人员应尽快将其解救至地面；如暂时不能解救至地面，应考虑相关防坠落措施。必要时拨打“119”请求专业支援。

（3）现场人员采取拉开关、断线或使用绝缘工器具移开带电体等措施使触电者脱离电源。

（4）根据触电人员受伤情况，采取人工呼吸、心肺复苏等相应急救措施。

（5）现场人员将触电人员送往医院救治或拨打“120”急救电话求救。

（6）必要时，隔离事发现场，在交通要道和主要路口设置警示标志，并设专人看守。禁止任何无关人员擅自进入隔离区域。

（7）逐级汇报事件发生、发展和应对、处置情况。

5.3.1.4 注意事项

（1）信息报告内容应包括伤员的伤害类型、伤害程度、伤害人数、发生伤害的时间、地点及现场处置情况；拨打“120”后，应派人在指定路口接应。

（2）未脱离电源前，严禁直接用手、金属及潮湿的物体接触触电人员。

（3）在解救高处触电者时，应采取防止再次触电的措施。

（4）将伤者从电杆上解救到地面过程中应注意绑扎受伤人员方法、防止下吊受伤者时造成直接落地，应缓慢下移防止对伤者造成二次伤害。

（5）在医务人员未接替救治前，不应放弃现场抢救。

（6）现场应具备的条件如下：

1）有通信工具并保持畅通。知道上级和急救部门的电话（特别要知道施工现场所在地最近医院的电话及路线）。

2）备有急救箱和急救药品、急救器材，送伤员的车辆等。

3）电工工器具、绝缘鞋、绝缘手套等安全工器具。

4）现场人员要掌握心肺复苏法。

5）对于在杆上等高处作业中的触电，有解救伤员落地的器材。

5.3.2 伤者心跳、呼吸停止的施救方法

（1）轻轻拍打伤员肩部，高声喊叫，“喂！你怎么啦？”

（2）如认识，可直呼喊其姓名。有意识，立即送医院。

（3）眼球固定、瞳孔散大，无反应时，立即用手指甲掐压人中穴、合谷穴约 5s。

以上 3 步动作应在 10s 以内完成，不可太长，伤员如出现眼球活动、四肢活动及疼痛感后，应立即停止掐压穴位，拍打肩部不可用力太重，以防加重可能存在的骨折等损伤。

（4）呼救。一旦初步确定伤员意识丧失，应立即招呼周围的人前来协助抢救，哪怕周围无人，也应大叫“来人啊！救命啊！”。一定要呼叫其他人来帮忙，因为一个人作心肺复苏术不可能坚持较长时间，而且劳累后动作易走样。叫来的人除协助作心肺复苏外，还应立即打电话给救护站或呼叫受过救护训练的人前来帮忙。

（5）放置体位。如伤员摔倒时面部向下，应在呼救同时小心将其转动，使伤员全身各部成一个整体。尤其要注意保护颈部，可以一手托住颈部，另一手扶着肩部，以脊柱为轴心，使伤员头、颈、躯干平稳地直线转至仰卧，在坚实的平面上，四肢平放。抢救者跪于伤员肩颈侧旁，将其手臂举过头，拉直双腿，注意保护颈部。解开伤员上衣，暴露胸部（或仅留内衣），冷天要注意使其保暖。

（6）通畅气道、判断呼吸与人工呼吸。当发现触电者呼吸微弱或停止时，

应立即通畅触电者的气道以促进触电者呼吸或便于抢救。通畅气道主要采用仰头举颏法。即一手置于前额使头部后仰，另一手的食指与中指置于下颌骨近下颏角处，抬起下颏。

严禁用枕头等物垫在伤员头下；手指不要压迫伤员颈前部、颏下软组织，以防压迫气道，颈部上抬时不要过度伸展，有假牙托者应取出。儿童颈部易弯曲，过度抬颈反而使气道闭塞，因此，不要抬颈牵拉过甚。成人头部后仰程度应为90°，儿童头部后仰程度应为60°，婴儿头部后仰程度应为30°，颈椎有损伤的伤员应采用双下颌上提法。检查伤员口、鼻腔，如有异物立即用手指清除。

（7）判断呼吸。触电伤员如意识丧失，应在开放气道后10s内用看、听、试的方法判定伤员有无呼吸。

1）看。看伤员的胸、腹壁有无呼吸起伏动作。

2）听。用耳贴近伤员的口鼻处，听有无呼气声音。

3）试。用颜面部的感觉测试口鼻部有无呼气气流。

（8）口对口（鼻）呼吸。

1）在保持呼吸通畅的位置下进行。用按于前额一手的拇指与食指，捏住伤员鼻孔（或鼻翼）下端，以防气体从口腔内经鼻孔逸出，施救者深吸一口气屏住并用自己的嘴唇包住（套住）伤员微张的嘴。

2）每次向伤员口中吹（呵）气持续1～1.5s，同时仔细观察伤员胸部有无起伏，如无起伏，说明气未吹进。

3）一次吹气完毕后，应即与伤员口部脱离，轻轻抬起头部，面向伤员胸部，吸入新鲜空气，以便做下一次人工呼吸。同时使伤员的口张开，捏鼻的手也可放松，以便伤员从鼻孔通气，观察伤员胸部向下恢复时，则有气流从伤员口腔排出。

口对口（鼻）呼吸应注意：

1）每次吹气量不要过大，约600mL（6～7mL/kg），大于1200mL会造成胃扩张。

2）吹气时不要按压胸部。

3）抢救一开始的首次吹气两次，每次时间为1～1.5s。

4）有脉搏无呼吸的伤员，则每5s吹一口气，每分钟吹气12次。

5）口对鼻的人工呼吸，适用于有严重的下颌及嘴唇外伤，牙关紧闭，下颌骨骨折等情况的伤员，难以采用口对口吹气法。

（9）判断伤员有无脉搏。

1）在开放气道的位置下进行（首次人工呼吸后）。

2）一手置于伤员前额，使头部保持后仰，另一手在靠近抢救者一侧触摸颈动脉。

3）可用食指及中指指尖先触及气管正中部位，男性可先触及喉结，然后向两侧滑移2～3cm，在气管旁软组织处轻轻触摸颈动脉搏动。

判断伤员有无脉搏时应注意：

1）触摸颈动脉不能用力过大，以免推移颈动脉，妨碍触及。

2）不要同时触摸动脉搏两侧颈动脉，以免造成头部供血中断。

3）不要压迫气管，以免造成呼吸道阻塞。

4）检查时间不要超过10s。

5）未触及搏动：心跳已停止，或触摸位置有错误；触及搏动：有脉搏、心跳，或触摸感觉错误（可能将自己手指的搏动感觉为伤员脉搏）：

6）判断应综合审定：如无意识，无呼吸，瞳孔散大，面色紫绀或苍白，再加上触不到脉搏，可以判定心跳已经停止。

（10）胸外心脏按压。

1）按压部位，胸骨中1/3与下1/3交界处。

2）伤员体位，伤员应仰卧于硬板床或地上。如为弹簧床，则应在伤员背部垫一硬板。硬板长度及宽度应足够大，以保证按压胸骨时，伤员身体不会移动。但不可因找寻垫板而延误开始按压的时间。

快速测定按压部位可分5个步骤：

1）首先触及伤员上腹部，以食指及中指沿伤员肋弓处向中间移滑。

2）在两侧肋弓交点处寻找胸骨下切迹。以切迹作为定位标志。不要以剑突下定位。

3）将食指及中指两横指放在胸骨下切迹上方，食指上方的胸骨正中部即为按压区。

4）以另一手的掌根部紧贴食指上方，放在按压区。

5）将定位之手取下，重叠将掌根放于另一手背上，两手手指交叉抬起，使手指脱离胸壁。

（11）按压用力方式。

1）按压应平稳，有节律地进行，不能间断。

2）不能冲击式的猛压。

3）下压及向上放松的时间应相等。压按至最低点处，应有一明显的停顿。

4）垂直用力向下，不要左右摆动。

5）放松时定位的手掌根部不要离开胸骨定位点，但应尽量放松，务使胸骨不受任何压力。

6）按压频率，按压频率应保持在100次/min。

7）按压与人工呼吸比例，按压与人工呼吸的比例关系通常，成人为30:2。

（12）双人复苏操作要求。

1）两人应协调配合，吹气应在胸外按压的松弛时间内完成。

2）按压频率为100次/min。

3）按压与呼吸比例为30:2，即30次心脏按压后，进行2次人工呼吸。

4）为达到配合默契，可由按压者数口诀1、2、3、4、…、29、吹，当吹气者听到“29”时，做好准备，听到“吹”后，即向伤员嘴里吹气，按压者继而重数口诀1、2、3、4、…、29、吹，如此周而复始循环进行。

5）人工呼吸者除需通畅伤员呼吸道、吹气外，还应经常触摸其颈动脉和观察瞳孔等。

（13）心肺复苏法注意事项。

1）吹气不能在向下按压心脏的同时进行。数口诀的速度应均衡，避免快慢不一。

2）操作者应站在触电者侧面便于操作的位置，单人急救时应站立在触电者的肩部位置；双人急救时，吹气人应站在触电者的头部，按压心脏者应站在触电者胸部、与吹气者相对的一侧。

3）人工呼吸者与心脏按压者可以互换位置，互换操作，但中断时间不超过 5s。

4）第二抢救者到现场后，应首先检查颈动脉搏动，然后再开始做人工呼吸。如心脏按压有效，则应触及搏动，如不能触及，应观察心脏按压者的技术操作是否正确，必要时应增加按压深度及重新定位。

5）可以由第三抢救者及更多的抢救人员轮换操作，以保持精力充沛、姿势正确。

第6章　事故典型防范措施及案例分析

本章针对农网作业特点和作业人员安全技能情况，结合危险点分析与控制及安全生产相关工作要求，从管理、技术、组织等方面提出了防范较大及以上人身伤害事故的基本要求，并选取电弧灼伤、高空坠落、误操作、物体打击、倒杆十个典型的事故案例，从事故经过、原因分析、防范措施的角度进行分析总结，找准事故发生的原因，制定预防事故的对策，避免生产过程中发生事故。

6.1　事故典型防范措施

6.1.1　放线、撤线与紧线作业

放线、撤线与紧线作业，主要防止作业过程中因倒杆塔和触电，造成较大及以上人身事故。如撤（紧）线时，要防止杆塔因受力失去平衡而倾倒；跨越铁路、公路、通航河流时，要防止交通工具拖拽导线而拉倒杆塔；防止施工中跨越公路的导线挂、扯交通工具而引发交通事故；跨（穿）越带电线路、邻近带电线路施工时，防止非绝缘体与带电体接触，造成作业人员触电。

6.1.1.1　一般安全要求

（1）根据现场勘察情况，绘制与工作线路交叉、平行（邻近）、跨（穿）越线路图，施工方案由县供电企业生产领导（总工）批准；跨越带电的线路、电气化铁路、高速公路的施工方案报地（市）公司批准。

（2）施工前，工作负责人与现场监护人要共同逐项确认工作地段跨（穿）越线路的安全措施已按施工方案落实到位，不存在遗漏或其他问题。

（3）施工前，应认真检查放线、撤线和紧线等作业工器具，满足安全施工要求。

（4）施工时，搭设或拆除跨越架应执行《电力建设安全工作规程（架空电力线路）》相关规定。搭设跨铁路、高速公路的跨越架，还应事先与被跨越设施的管理单位取得联系，得到批准后方可实施，必要时请其派员监督。

（5）放线、撤线和紧线作业应设专人统一指挥，统一联络信号，并做到通信畅通，并派人跟踪观察导线与牵引绳连接处受力情况。

6.1.1.2 防止杆塔在施工中失去平衡倒塌

（1）撤线作业，勘察时应先检查电杆的杆根（基础）、拉线是否牢固，电杆埋深是否足够。对拉线及拉线棒锈蚀严重的杆塔，应增设临时拉线；对有环裂纹、露筋严重的电杆，应先采取补强、加固措施后，再进行撤线作业。

（2）更换导线作业，对锈蚀严重的拉线及拉线棒，有环裂纹、露筋严重的电杆，应先予以更换。

（3）紧（撤）线作业，应对杆塔主要受力点进行受力分析和计算，明确临时锚桩的布置位置及要求，牵引锚桩的设置应满足安全施工措施的规定。

（4）松线。可以采取以下方式松线：

1）事先在耐张、转角等承力杆的横担上打好临时拉线，在导线上拴好控制绳索。

2）松开耐张段内所有直线杆上导线绑线，将导线放入滑车。

3）在耐张杆塔用机具或人力控制绳索，缓慢松线。

6.1.1.3 防止交通工具拖拽导线，拉倒杆塔

（1）跨越铁路、公路、通航河流施工，施工前应向其管理部门办理相关手续。施工时，请其配合。

（2）跨越公路施工时，应在距离施工作业地点来车方向安全距离处设置 2 处及以上明显的安全警示标志，并设专人看守。需要时，应申请交通管理部门采取封路等限制措施，确保施工安全。

（3）跨越通航河流施工时，应请航监部门配合，必要时采取封航措施。

（4）采取搭设跨越架跨越铁路、公路，作业过程中跨越架应有专人看守，看守人与工作负责人应保持通信畅通，信号统一、清楚。

（5）跨越铁路、公路、通航河流施工，放线、撤线与紧线过程中，除在杆上渡线的人员外，在牵引导线时，其他人员不得滞留在杆塔上作业。

6.1.1.4 跨越电力线路施工时的要求

（1）跨越电力线路施工时，被跨越的线路一般应停电并接地。

（2）如采取无跨越架跨越带电电力线路施工时，必须按照带电作业的要求组织施工，并由从事带电作业的专业人员承担作业任务。同时，加强现场安全监护，实施专人监护。

（3）搭设跨越架带电跨越施工的要求。

1）施工前，应停用被跨越的10kV带电线路的“重合闸”装置。施工期间，若该线路发生故障跳闸时，在未取得施工工作负责人同意前，严禁强送电。

2）牵引工具及导线应接地，并使用绝缘牵引绳。跨越档相邻两侧杆塔上的放线滑车应使用闭口滑车并可靠接地。

3）作业过程中，跨越处应有专人看守，看守人与工作负责人应保持通信通畅。

4）作业人员不得在跨越架内侧攀登或作业，并严禁从封架顶上通过。导线通过跨越架时，应用绝缘绳作引渡，严禁采用由人带线头或抛扔钢丝绳的方法进行；引渡或牵引过程中，跨越架上不得有人。

6.1.1.5 穿越带电线路施工时的要求

（1）勘察和制定施工方案时，应校核施工线路与被穿越线路的交叉距离，考虑施工中导线的跳跃后，应满足规定的安全距离，否则，被穿越线路应停电并予以接地（对配电线路与66～500kV线路安全距离不能满足要求时，应采取调整配电线路路径等方式进行）。

（2）若在线路上拔地段穿越带电线路，应验算导线在自由状态下与带电线路的距离，在考虑施工中导线的跳跃后，应满足规定的安全距离，并采取以下措施：

1）牵引导线时，应在被穿越线路的下方埋设桩锚，将导线压放到桩锚上的滑轮内。

2）紧线、挂线时，在穿越档内可采用绝缘无极绳环，控制导线的跳跃，保持与带电线路的安全距离。

6.1.1.6 在同杆塔架设的多回线路中部分线路停电，进行放（撤）线时的要求

（1）此类作业的施工“三措一案”，应由地（市）公司批准。

（2）在同杆塔架设的多回线路的上层线路放（撤）导线工作，下层线路应停电，并予接地。同杆塔架设的线路停电登杆施工作业，杆塔上所有 10kV 及以下的线路必须停电并予以接地。

（3）登杆塔和在杆塔上工作时，每基有人工作的杆塔都应设专人监护。作业人员登杆作业前，应认真核对停电检修线路的双重编号无误，核对杆塔色标，判别标识无误，方可在监护下登杆作业。

（4）作业人员的活动范围及其所携带的工具、材料等与带电部位的距离，应满足规定的安全距离。

（5）严禁进入带电线路横担或在该横担上放置任何物件。严禁在杆塔上盘卷或放开绑线。

（6）在停电线路一侧吊起或向下放落工具、材料等物体时，应使用绝缘绳传递，物件与带电导线最小安全距离不得小于规定的安全距离。

（7）放线、撤线与紧线时，应控制导线或架空地线摆（跳）动，保持与带电线路的安全距离。

（8）应采用绝缘牵引绳牵引导线，绞车等牵引工具应接地，放落和架设过程中的导线也应接地，以防止产生感应电。

（9）施工时要注意气象变化，遇有 5 级及以上大风时，应停止作业。

6.1.2 立（撤）杆塔、补装杆塔构件作业

立（撤）杆塔、补装杆塔构件作业，主要是防止触电、杆塔坍塌和重物打击造成较大及以上人身事故。如，防止立（撤）杆塔、补装构件时发生倾倒、

坍塌，发生人员高处坠落，造成物体打击；邻近带电设备作业时，物件与带电设备接触，造成触电。

6.1.2.1　一般安全要求

（1）立（撤）杆塔等大型作业应根据现场勘察结果，对危险性、复杂性和难度较大的施工任务，如邻近带电设备、泥沼地、杆塔严重倾斜、杆塔构件缺失严重等条件下组织施工，应制订“三措一案”和标准化作业指导书，并经本单位生产领导（总工）批准后执行。

（2）立（撤）杆塔应设专人统一指挥。开工前，要交代施工方法、指挥信号，并组织对安全、组织、技术措施进行学习，工作人员要明确分工、密切配合、服从指挥。

（3）在新立杆塔的杆基尚未完全夯实前，严禁攀登。多人上下同一杆塔时应逐个进行。杆塔上有人工作时，严禁调整或拆除拉线。

（4）同一杆塔上有多人作业时，应指定专人负责本杆塔上的安全及技术工作，并监护杆塔上作业人员。

（5）在山坡上立杆时应注意拉绳的角度，以确保施工人员安全。

（6）临时拉线的地锚应埋设牢固，回填土逐层夯实，一个锚桩上的临时拉线不得超过两根，临时拉线绑扎工作应由有经验的人员担任。

（7）利用已有杆塔立（撤）杆，应先检查杆塔强度及根部的牢固程度，必要时增设临时拉线并补强。

6.1.2.2　在人流密集区、邻近道路施工时的要求

（1）在人流密集区附近立（撤）杆时，应划定警戒范围、设置警示标志，并设专人看守，疏导行人。

（2）邻近道路施工时，应制定相应的交通组织方案，并设警戒范围或警告标志，必要时请交警部门实施交通管制。

6.1.2.3　立（撤）杆塔时，防止倒杆塔的要求

（1）撤除老旧钢筋混凝土电杆时，应检查电杆埋设深度，电杆是否完好，电杆有环裂纹或露筋严重时，应加固后，作业人员再登杆；撤线前，应在转角

杆、终端杆的承力反方向打好临时拉线。

（2）严禁随意整体拉倒旧电杆或在电杆上有导线的情况下整体放倒。

（3）使用抱杆立（撤）杆塔时，抱杆下部应固定牢固，在松软土质处立杆时，应有防止抱杆沉陷的措施；在坚硬或冰雪冻结的地面上立杆时，应有防止抱杆滑移的措施；当抱杆受力后发生不均匀沉陷时，应及时调整。

（4）立杆过程中除指定的人员外，其他人员应在离开杆塔高度的 1.2 倍距离以外，所有人员不得站在正在起立的杆塔下或牵引系统下方。如需下坑拨正杆根时，应停止牵引，在工作负责人指导监护下并站在起立方向外侧工作。

（5）电杆起立到 70°后应减缓速度，并注意各侧拉线，起立至 80°时，停止牵引，用临时拉线调整杆塔。

（6）牵引时，不得利用树木或外露岩石作受力桩，临时拉线不得固定在有可能移动或其他不可靠的物体上。牵引时应安排专人密切监视锚桩的受力情况，如有异常要立即停止牵引作业。临时拉线应在永久拉线全部安装完毕承力后方可拆除。

（7）使用吊车立（撤）杆时，绳套应绑在杆塔重心位置之上的适当位置，并采取增加临时拉绳等措施防止杆塔倾倒、摇摆。

6.1.2.4 邻近带电设备施工时防止触电的要求

（1）应设专人监护。整体组立（撤）杆塔时，杆塔与带电设备的距离应大于倒杆距离。

（2）拉线、临时拉线、施工机具、牵引绳及材料等在立（撤）杆过程中，应能保证与带电设备的距离不小于规定的安全距离，否则，带电设备应停电并予接地。严禁采取举起、拨开带电导线等方式来增加电气距离。

6.1.2.5 采用顶杆（叉杆）竖立电杆时的基本安全要求

（1）顶杆（叉杆）只可用于竖立 8m 以下拔梢杆；立杆时必须由有实际工作经验的人员担任工作负责人。

（2）施工人员应均匀分布在电杆两边，在杆梢离地 1.5m 时应立即使用顶杆（叉杆），并配合人力前移顶杆（叉杆）。电杆起立到 70°时应减缓速度，注意调整好各侧拉绳，防止电杆失去平衡发生倒杆。

6.1.2.6　补装杆塔构件时防止垮塌的要求

（1）作业前应检查拉线、基础和杆塔受力状况。对倾斜严重或铁件缺失严重的杆塔，应采取加设临时拉绳、支撑杆等措施对杆塔进行临时加固。

（2）作业过程中，应按顺序装拆，不得随意拆除受力构件，如确需拆除时，应预先作好补强措施。

6.1.3　土石方工程、进入深沟（洞）作业

土石方工程、进入深沟（洞）作业，主要是防止挖沟（洞）时发生垮塌；作业人员进入深沟（洞）时发生窒息、气体中毒造成较大及以上人身事故；沟（洞）中作业，损坏运行中电缆，造成触电；使用的移动电器漏电，造成触电。

（1）开挖泥水坑、流沙坑等施工作业，施工所用电动抽水泵及其他移动电气设备应安装剩余电流动作保护装置。

（2）坑洞开挖，不用挡土板时，坑壁应留有适当坡度。

（3）在城镇、居民区及交通道路附近挖沟（坑），应与管理或产权单位取得联系，查明地下设施种类、走向、位置、埋深，最好能够取得地下设施施工图、走向图等。已开挖的沟（坑）应设盖板或可靠遮拦，挂警告标牌，夜间设置警示照明灯，并设专人看守。

（4）在电缆及煤气（天然气）管道等地下设施附近开挖时，应事先取得有关运行管理单位的同意。必要时，请其派人到现场监护。严禁用冲击工具或机械挖掘。

（5）开挖中，发现不能辨认的物品，应立即停止工作并及时报告，严禁随意敲击或耍弄。

（6）在松软土质挖坑洞时，应采取加挡板、撑木等防止塌方的措施，不得由下部掏挖土层。采用的挡板、撑木等强度要符合作业现场需要。堆放的材料、渣土，距坑边距离应大于 0.8m，且堆放高度不得超过 1.5m。严禁作业人员在坑内休息。

（7）爆破作业应由经过专业培训合格的人员担任，并有专人指挥。正式实

施爆破前，其他人员必须撤到安全地带。同时应检查危险区内是否有人停留，并派专人警戒，严禁任何人进入危险区。遇有哑炮时，应至少等 20min 后再行处理，非排爆专业人员不得靠近。

（8）在下水道、煤气（天然气）管线、潮湿地、垃圾堆或有腐质物等的附近从事挖沟（坑）时，应在地面上设监护人；在挖深超过 2m 的沟（坑）时，应采取如戴防毒面具、带救生绳，并向坑中送风等安全措施。监护人应密切注意沟（坑）内的工作人员，防止人员气体中毒。

（9）电缆井内工作时，禁止只打开一只井盖（单眼井除外）。进入电缆井内作业，应先用吹风机排除浊气，再用气体检测仪检查井内易燃易爆及有毒气体的含量是否超标。电缆沟的盖板开启后，应自然通风一段时间后再进入沟内工作。电缆井内工作时，通风设备应保持常开，以保证空气流通。

6.1.4　重大灾害后抢修电力设施

抢修作业特点：运行方式调整多；用户自备发电机发电时，可能造成反送电；杆塔及基础受损；参与抢修作业人员较多。要坚持统一指挥，加强现场督导。因此应将停电、故障线路视为带电线路，在所有可能来电侧验电接地。

（1）发生重大灾害后的电力设施抢修工作应统一指挥，统一调度，畅通信息。

（2）各级调度要向抗灾抢修指挥人员及时通报运行方式的变化及已恢复的线路情况。

（3）加强对用户自备电源使用管理，加大对灾后自备发电机使用情况的检查、登记，安装可靠的闭锁装置确保与电网隔离，防止发生反送电。

（4）抢修因灾受损的电力设施前，运行管理单位应会同抢修单位进行现场勘察。现场勘察时应查明工作范围内线路受损的情况及线路交叉跨越、自备电源和双电源情况。

（5）外单位抢修队伍参与抢修作业，须由设施的运行管理单位派专人具体负责与调度联系，办理相关的工作许可手续，并落实保证安全的技术措施。设施抢修完毕后，恢复送电前，运行管理单位应会同外单位抢修队伍，对抢修后的设施进行全面检查，符合要求后，方可按程序汇报、送电。

6.1.5　人力运输和起重作业

人力运输和起重作业，主要是防止起重机械倾翻、防止被起吊（搬移）物体倾翻、吊绳断裂，造成物体打击；防止装卸物件时滚动或翻倒；电杆等超长设备挂碰；防止在带电设备附近吊装时发生触电。

（1）起重机械起吊物品时，不得超过额定荷载。吊件重量达到起重机额定负荷的 95%时，须办理安全施工作业票，并由起重专业技术人员在现场指导。

（2）使用两台及两台以上链条葫芦起吊同一重物时，重物的重量不应大于每台链条葫芦的允许起重量。

（3）起吊前，工作负责人应进行全面安全检查，包括吊绳、吊钩闭锁装置。特别是确认起重机四个垂直支腿应支撑在牢固可靠硬实的地面上，确保起重机不会因起吊过程中重心变化而发生倾覆。确认牢固可靠后，方可作业。起吊时，应设专人指挥，统一信号，起吊时发现异常应立即停止。

（4）吊件稍一离地（或支持物），应检查悬吊及捆绑，并检查吊车四个支腿受力是否均衡，检查吊车整体平衡度，检查吊车制动装置，检查捆绑物体的牢固度，上述检查确认完好后方可继续起吊。

（5）起吊物应绑牢，吊钩悬挂点应与吊物在同一垂线上，吊钩钢丝绳应垂直，严禁偏拉斜吊；落钩时应防止吊物局部着地引起吊绳偏斜；吊物未固定好严禁松钩。

（6）在起吊过程中，受力钢丝绳的周围、上下方、内角侧和起吊物的下面，严禁有人逗留和通过。吊运重物不得从人头顶通过，吊臂旋转半径以内严禁站人。

（7）起吊成堆物件时，应采取防止滚动或翻倒的措施。钢筋混凝土电杆应分层起吊，每次吊起前，剩余电杆应用木楔掩牢，防止散堆伤人。

（8）吊件不得长时间悬空停留；短时间停留时，操作人员、指挥人员不得离开工作岗位。

（9）吊车在带电设备下方或附近吊装时，须办理安全施工作业票，并有技术人员在场指导。吊车操作人员应与地面现场监护人及工作负责人保持实时通信畅通。吊车应接地，严禁起重臂跨越带电线路进行作业，起重臂及吊件的任何部位与带电体（在最大偏斜时）的最小距离不得小于规定安全距离。拉绳应使用绝缘绳。

（10）人力运输的道路应事先清除障碍物；抬运笨重物件或电杆，经过山区道路，其宽度不宜小于1.2m，坡度不宜大于1:4。

（11）重大物件不得直接用肩扛运；使用机械牵引杆件上山时，应将杆身绑牢，钢丝绳不准触磨岩石或坚硬地面，牵引路线两侧5m以内，不准有人逗留或通过；抬运时应步调一致，同起同落，并有人指挥。

（12）雨雪后抬运物件时，应有防滑措施。

6.1.6 低压抢修作业

低压抢修作业，因事发突然，作业准备时间短，容易因勘察不到位、抢修方案不周全、安全措施不全面，发生因同杆架设路灯线路带电、自备发电机返送电、断落的导线与带电线路接触，造成较大及以上人身伤亡事故。

（1）低压抢修应使用应急抢修单，做好防触电（反送电）、防高坠、防倒断杆等的安全措施。

（2）抢修工作开始前，工作负责人应认真勘察作业现场，开出抢修单。应特别注意事故应急抢修现场保留的带电部位或注意事项（环境、人、机具等）、双电源及自备电源情况。

（3）低压抢修涉及调度管辖范围内的设备，必须得到调度许可后方可进行抢修工作。断开分支断路器（开关）、隔离开关（刀闸）和熔断器后，应悬挂标示牌；跌落式熔断器的熔管应摘下或悬挂标示牌。

（4）因故障而停电的线路应视为随时有来电可能，工作前应在高低压各侧验电、装设接地线。

（5）因外力破坏造成配电线路断杆（线），抢修工作开始前，应仔细检查断杆（线）两侧邻近的电杆是否断裂或损伤，并做好防止倒（断）杆的措施。

（6）低压电缆抢修时还应遵守以下要求：电缆故障声测定点时，禁止直接用手触摸电缆外皮或冒烟小洞。

6.1.7　夜间作业

夜间作业，主要防止夜间照明不足、环境复杂、人员易疲劳等造成人身事故。

（1）夜间作业必须进行现场勘查，制定切实可行的施工方案和安全措施，并经本单位生产领导（总工）批准后执行。

（2）夜间作业时，应保证有足够的通信和照明设施，能满足夜间施工需要。

（3）参加夜间作业的人员必须穿反光防护装，设立专门监护人员，设专人统一指挥。

（4）邻近道路夜间作业时，应制定相应的交通组织方案，做好交通要道施工防护，现场设置明显的限行交通标志、安全标示牌、警戒灯等标志，标示牌具备夜间荧光功能，保证施工机械和施工人员的施工安全，并安排专人看守。

（5）夜间开挖的施工工作，在居民区或道路附近施工时应设围栏，夜间应加挂红灯。

6.2　事故案例分析

6.2.1　案例一

2012 年 6 月 29 日，××供电所工作人员郭××在抢修工作中，因单人工作，未能针对作业的危险点制定预控措施，未采取防护措施被电弧灼伤，造成人员受伤事故。

6.2.1.1　事故简要经过

2012 年 6 月 29 日上午 8 时 20 分，××供电所农电人员郭××（××村防区责任人）打电话给该所运行维护班人员刘××反映××村 1 号变压器有一路剩余电流动作保护装置不工作，要求配合处理，刘××电话答复说：“××村 3 号变压器跳闸，我在处理恢复送电，等这边工作结束立即过来。”大约 0.5h，刘××开摩托车距××村 1 号变压器现场 30m 时，听到“呼”的一声，看到路边村民向配电变压器方向集中，刘××到现场后，郭××已摔倒在地，脸部、手背、胸上部已被电弧灼伤，现场配电箱门已打开，箱内冒烟。后立即拦了一辆三轮电瓶车送往乡卫生院，同时电话汇报供电所所长戴××，戴××接电话后也赶到卫生院，因乡村医院设施简陋后要求转市人民医院救治。

6.2.1.2　发生事故的原因分析

（1）工作随意性大、对抢修工作缺乏防范作业风险的能力，未能针对作业的危险点制定预控措施。

（2）抢修过程中人员安全意识淡薄，作业人员执行电力安全工作规程的自觉性差，自我保护意识淡薄，对作业中存在的危险点辨识与控制能力不强，未养成良好的作业习惯。

（3）习惯性违章严重。作业人员在工作监护人还未到现场，各项安全措施未到位的情况下就开始工作。现场工作要求不得单人进行，必须由监护人和操作人两人进行。

6.2.1.3　防范措施

（1）迅速部署和落实农电安全整顿活动。一是采取积极的应对措施，努力稳定职工思想情绪，增强员工抓好安全生产的信心和决心；二是对农电安全工作进行全方位的排查、检查，动员全体员工认真排查所、班组、个人在安全生产存在的问题；三是组织力量对农电安全工作从人员素质、安全教育、安全培训、安全管理、现场管理等各个环节上进行认真、系统的检查，力求从根本上找出农电安全的症结所在。

（2）加强制度建设。供电所要进一步建立健全安全管理标准化体系，积极将生产系统安全管理的经验、做法运用到农电系统，根据新的生产体制、农电体制的新变化，建立健全农电安全管理制度和工作流程，真正使农电安全制度化、规范化、标准化。

（3）强化安全教育和培训。采取切实、过硬的措施，充分落实全体员工的安全教育、安全培训制度，切实解决安全教育停留在口头上、安全培训停留在书本上的问题，促使全体员工提升自我保护意识，以此推进“四不伤害”能力的提升。

（4）进一步加强农电安全常态管理。供电所是安全生产的最前沿，将充分明确供电所安全职责基础上，划清设备管理分界、权限，建立制度，健全台账，扎实做好安全基础工作。将突出抓好农电现场的安全管理，突出严防人身事故的再发生，加大现场督查力度，做到只要有现场就有人督查，就有人管理，就有人到位。

（5）加大对作业现场的督察力度，坚决杜绝习惯性违章和作业现场违章，对发现的违章严格考核。

（6）组织全体农电人员对此次事故进行总结，认真讨论，吸取教训，举一反三，切切实实杜绝习惯性违章和作业现场违章。

6.2.2　案例二

2012 年 1 月 4 日，××供电所工作人员在日常值班保修居民用电过程中，使用不合格的工具，无抢修单，单人抢修，未能针对作业的危险点制定预控措施，造成人员受伤事故。

6.2.2.1　事故简要经过

2012 年 1 月 4 日下午，××供电所卜××在双乔村走收电费，16 时左右有一居民用户找他，说家里没电，要求帮助修一下，他随即检查出是电杆上的问题，就此情况既没有向供电所汇报，也没有履行相关手续，就回家拿出之前整改接户线使用的未经校验的脚板、安全带，单人跟用户上杆抢修，16 时 30 分左右修理结束后，就在下杆转身时，因为安全带的扣环未扣好，卜××失去安全带的保护，从杆上摔落。用户立即将他送往××人民医院抢救，检查结果为肋骨断数根、右手手腕摔断，经过手术后，卜××情况好转。

6.2.2.2　发生事故的原因分析

（1）违反关于严禁干私活的相关规定。

（2）违反关于禁止单人抢修或工作的相关规定。

（3）安全工器具管理不善。

（4）日常值班抢修未使用抢修单和派工单。

6.2.2.3 防范措施

（1）认真学习安全工作规程，排查工作中的违章行为和安全隐患，落实整改措施。特别加强“两票三制”的学习，坚决杜绝无票工作现象。

（2）认真学习各级公司关于农电员工严禁干私活的相关规定。

（3）加强危险点分析及预控。将现场勘查工作落实到位，针对作业的危险点制定预控措施，在作业前进行安全技术交底，并在作业中注意防范。

（4）加强人员安全意识的强化教育。

（5）组织全体农电人员对此次事故进行总结，认真讨论，吸取教训，举一反三，切切实实杜绝习惯性违章和作业现场违章。

6.2.3 案例三

2012 年 7 月 4 日，××供电所工作人员在登杆作业时，由于电杆底部断裂，发生倒杆，造成人员受伤事故。

6.2.3.1 事故简要经过

××农电服务有限公司根据××公司配检中心下达的工作计划，准备 7 月 5 日对××供电所管辖区域内的变压器进行迁移。由于 7 月 5 日工作量较大，7 月 4 日××农电服务有限公司和××供电所运维班做前期准备，××农电服务有限公司进行新立 10kV 电杆的金具组装，××供电所运维班进行 400V 线路调整。两个班组工作均上报施工现场，按计划进行施工。工作班于上午 6 时 30 分到达现场，召开了开工会，进行了人员分工。7 时经工作许可人当面许可后，开始进行工作。工作班人员陈××的工作任务是将旧杆上横担、导线拆除并移至新立 10m 杆上。登杆前，陈××本人对杆根进行了检查，地面以上部分未发现横向裂纹，同时××供电所安全员也进行了检查，未发现问题，××农电公司督查队 9 时到达现场，对两个现场进行了安全督查，现场各项安全措施均能执行到位，未见违章行为。10 时 20 分左右，当陈××将旧杆上三根导线拆除后（北边相导线未拆），现场人员发现旧杆开始倾斜，最终倒地，陈××随杆倒下，人趴在电杆上。约 10 时 26 分报 120 急救，10 时 38 分救护车到达现场并将陈××送往人民医院急救。经医院诊断，陈××除肋骨骨折外，身体无其他异常。

后经现场勘查，旧杆断裂处在地面以下约 30cm 处，电杆断面共 14 根钢筋，其中北侧 4 根钢筋为新断裂，其余 10 根均早已断裂，锈蚀严重。

6.2.3.2　发生事故的原因分析

（1）供电所日常线路、设备的日常巡视和消缺工作不仔细。

（2）对杆根埋土以下部位未做深入细致检查和对路边电杆缺乏事故预想的状况。

（3）供电所人员预防事故的能力不强。

6.2.3.3　防范措施

（1）加强线路、设备的日常巡视和消缺，强化对供电所的督查和考核力度。

（2）认真学习《关于加强线路钢筋混凝土电杆运检管理的紧急通知》（泰供电安〔2011〕259 号），特别是对路边电杆或因道路拓宽而未及时迁移的电杆要全面排查整改，对处于路边、道口及繁华地带和居民区的电杆及时加装防撞警示标志，防止发生机动车辆撞击事件。

（3）继续强化对供电所及农电人员的责任心教育以及人员安全技术培训工作，从责任意识和技能上提高预防事故的能力。

6.2.4　案例四

2012 年 10 月 16 日，××供电所工作人员在更换配电箱剩余电流保护器的过程中，没有正确掌握工作流程、掌握安全措施，造成人员受伤事故。

6.2.4.1　事故简要经过

2012 年 10 月 16 日 8 时，××供电所安排工作人员杨××、朱××前往××2 号变低压配电箱 4001 出线更换故障的剩余电流保护器。8 时 40 分，工作人员到达工作现场，由杨××进行现场工作，朱××进行监护。9 时 50 分，现场更换结束，杨××进行合闸试验，发现不合闸，便进行检查，发现交流接触器线圈有一根线头脱落，便用十字起穿过接触器 A、B 相铜牌进行旋紧，在旋紧的过程中，由于重心不稳，十字起的金属部分同时触及 A、B 相铜牌，引起短路，造成杨××脸部及右手大面积电弧灼伤。

6.2.4.2 发生事故的原因分析

（1）工作人员施工过程中的工作流程不清楚，没有明确自己在施工过程中可能存在的危险点。

（2）工作监护人没有起到很好的监护作用，对工作中存在的危险点没有及时向工作人员提出。没有很好的履行监护职责。

（3）现场作业人员安全意识淡薄，施工作业的技能水平较差。

6.2.4.3 防范措施

（1）加强人员的安全思想教育，强化员工的安全意识。

（2）加强对作业人员的业务技能培训，掌握正确的施工工艺及方法。

（3）对工作监护人的安全职责要明确，针对现场作业的危险点制定必要的安全措施。

（4）在工作过程中，成员间相互关心施工安全，及时纠正施工过程中出线的违章行为。

（5）组织本所员工对此次事故进行总结，认真讨论，吸取教训。杜绝事故作业现场的违章行为。

6.2.5 案例五

2012 年 7 月 10 日 18 时左右，××供电所农电员工由于私自工作，发生意外死亡事件。

6.2.5.1 事故简要经过

2012 年 7 月 10 日 18 时左右，××供电所农电人员戚××下班回家，看到邻居李××因家中没电，自己用梯子忙着检查线路。戚××看到后就主动帮邻居李××杆上检查是否导线接触良好，由于杆上作业未系好安全带和二保绳，不慎从杆顶摔下，地面为水泥地。李××赶紧将戚××人民医院进行抢救，21 时 30 分终因伤势过重抢救无效死亡，主要原因是后脑淤血过重。认定该事件是意外死亡事件。

6.2.5.2 发生事故的原因分析

（1）未汇报供电所开具工作票或事故应急抢修单，属于干私活。

（2）安全意识淡薄。这是一起典型的违章冒险作业造成的人身触电事故。

（3）缺乏自我保护意识和风险认知与防范能力。

6.2.5.3 防范措施

（1）从珍惜生命、关爱员工的角度出发，对农电员工进行除工作之外的安全教育工作，使农电员工“要我安全”为“我要安全”。

（2）要建立健全农电员工禁止干私活承诺机制，与农电员工及其家属签订禁止干私活承诺书。

6.2.6 案例六

2012年11月14日，××外包队在更换耐张杆后的紧线施工中，因拉线断脱造成电杆折断，一人重伤、一人轻伤事故。

6.2.6.1 事故简要经过

××外包队工作负责人周××带领工作班成员王××等6人到××台区分支杆处进行消缺工作，将×台区400V主线5号～6号杆因建公路需将7m电杆更换两根10m电杆。当10m电杆立好后，在未检查拉线是否牢固和未采取有效安全措施的情况下，工作负责人周××安排王××等2人上杆作业。2人在杆上收紧线的过程中，拉线（利用的旧拉线）断脱，电杆从离地面约0.3m处断裂。杆上作业的王××等2人随杆跌落，一人重伤、一人轻伤。

6.2.6.2 发生事故的主要原因

（1）施工方法不当。架设的导线在新立电杆处呈“十”字形结构，收紧导线时未采取同时收紧同一直线上导线的方法，而是采用收紧90°方向的导线，且未在电杆受力的反方向加设临时拉线，原有旧拉线的金具及附件受力过大断脱，导线应力超过电杆抗弯强度，致使电杆断裂。

（2）线路改造的技术方案不合理。更换电杆后，电杆位置发生了偏移，而拉线的位置未相应进行调整，对原老旧拉线及拉线金具也未更换。

（3）作业人员违反《配电安规》6.4.5“紧线、撤线前，应检查拉线、桩锚及杆塔。必要时，应加固桩锚或增设临时拉绳”的规定，紧线前未对拉线的牢固程度进行检查，未能发现旧拉线存在的隐患。

6.2.6.3 防范措施

（1）组织进行现场勘察，根据现场勘察情况，按照相关规程规定，制订施工方案，进行危险点分析和预控，制订保证安全的组织、安全、技术措施。

（2）紧线工作应有专人指挥、统一信号，并做到通信畅通、加强监护。紧线前，应检查拉线、桩锚和杆塔。必要时，应加固桩锚或加设临时拉绳。

（3）现场施工人员必须熟悉放、紧线的基本方法，掌握实际操作技能。

（4）加强施工现场安全技术的检查指导，特别是检查安全措施是否落实到位。

6.2.7 案例七

2012 年 8 月 25 日，××供电所工作人员操作低压熔芯时，引起相间短路，造成工作人员右手大面积电弧灼伤事故。

6.2.7.1 事故简要经过

2012 年 8 月 25 日下午，××供电所抢修值班人员李××（营业工）、接到服务大厅人员报修电话后，到某配电箱内更换总保护器。为了不带电作业，抢修值班人员李××（营业工）准备用钢丝钳卸下 A 相总熔芯，另一位抢修值班人员杨××（营业工）提醒，要使用专门的工具，而李××却说没有事，于是李××用钢丝钳卸下 A 相总熔芯时触及 B 相熔芯，发生相间短路，电弧灼伤右手，后送医院进行治疗。

6.2.7.2 发生事故的原因分析

（1）抢修人员安全意识淡薄，自我防范能力不强。

（2）监护人监护不力，未能及时制止。

（3）严重违背电力安全工作规程低压带电作业使用有绝缘柄的工具，其外裸的导电部位应采取绝缘措施，防止操作时相间或相对地短路。工作时，应穿绝缘鞋和全棉长袖工作服，并戴手套、安全帽和护目镜，站在干燥的绝缘物上进行。

6.2.7.3 防范措施

（1）认真学习电力安全工作规程，加大带电作业监护力度，严格执行带电作业的规章制度。

（2）加强人员安全意识的强化教育。

（3）监护人要认真及时纠正不安全行为，不能点到为止。

（4）组织全体人员对此次事故进行总结，认真讨论，吸取教训，举一反三，切切实实杜绝习惯性违章和作业现场违章。

6.2.8　案例八

2012 年 5 月 14 日，××供电所对×村一新架线路进行立杆、架线时，因电杆埋深够，发生断杆伤人事故。

6.2.8.1　事故简要经过

2012 年 5 月 14 日，××供电所安排工作负责人杨××，工作班成员李××、赵××、周××、张××、张××等 8 人，工作任务是用吊车新立电杆 10m 共 6 基，下午架线、送电，保证一新增用户用电。10 时 6 根电杆已立好 5 根，最后 1 根 4 号电杆在用户水田里，尽管田间无水，但挖了一会儿，田间浸水，无法挖到规定的杆深，工作负责人说，就挖这么深，下午施工时注意一下。下午，施工人员到位后，放线，上杆，4 号电杆上杆人员看了一下杆根，就上杆了，在组装横旦用力后，电杆向右倾斜，人随电杆一起倒下，电杆砸在脚踝处，幸亏安全帽挡了一下电杆。其他施工人员立即采取措施，并拨打 120 急救电话，120 急救车送医院后，医院诊断右脚脚踝骨折，住院进行治疗。

6.2.8.2　发生事故的原因分析

（1）工作人员自我防护意识差，安全意识薄弱，攀登杆塔作业前，应先检查根部、基础和拉线是否牢固。新立杆塔在杆基未完全牢固或做好临时拉线前，禁止攀登。明知上午立杆时，埋深不够，未引起足够重视，是造成这次事故的关键原因。

（2）工作负责人组织施工不严肃，白天工作间断时，恢复工作前，应检查接地线等各项安全措施的完整性。

（3）教育培训内容和方式缺少针对性和实效性。对员工的技能培训方式单一，效果较差，致使员工技术水平不高，实际工作能力不强，安全风险防护、自我保护意识较差。

6.2.8.3 防范措施

（1）加强员工安全意识和安全技能培训，特别是应加强根据现场工作任务开展员工的操作技能培训。

（2）加大对违章行为的考核力度，严格执行谁违章、谁下岗的制度。

（3）严格执行电力安全工作规程，现场作业全面落实事故防范措施；工作票签发人、工作负责人和工作班成员认真履行安全职责；确保现场作业监护到位。

（4）吸取教训、举一反三，扎扎实实开展班组安全活动，列举违章违纪的行为，研究对策，开展反事故演习活动，真正实现“三级控制”，确保人身、设备、电网事故不再发生。

6.2.9 案例九

2012 年 8 月 10 日，××施工队在农网项目施工中违章作业，在紧线时造成倒杆，致使在杆上作业人员随杆倒下，经抢救无效死亡。

6.2.9.1 事故简要经过

2010 年 8 月 10 日上午，××施工队按工作计划，在××台片实施农网项目，工作内容为 400V 线路改造，原 8m 电杆更换为 10m 电杆，原 50 号导线更换为 95 号导线。施工分小组作业，施工过程中，耐张杆一侧拉线为做好，且杆旁尚有新开挖而未立电杆的杆坑，此时，小组负责人赵××指挥吴××登杆紧线，造成电杆倾斜，杆上人员随杆倒下，经抢救无效死亡。

6.2.9.2 发生事故的原因分析

（1）违章指挥：小组工作负责人违反《配电安规》中“紧线前应检查拉线、桩锚及杆塔，必要时应加固桩锚或增设临时拉绳”的规定，而错误指挥在未设拉线的情况下，进行紧线工作。

（2）违章作业：违反《配电安规》“各类人员有权拒绝违章指挥和强令冒险作业的规定”明知未做好安全措施，仍冒险登杆作业。

（3）工作负责人未能对作业现场的危险点制定预控措施。

6.2.9.3　防范措施

（1）认真学习安全规程，并加强执行力建设。

（2）加强施工人员安全意识的培养和教育。

（3）施工作业前编制方案，制定保证安全的组织措施、安全措施和技术措施。

（4）线路施工，在挖坑、立杆、放线、紧线等重要环节，要严格按照安规和有关技术要求进行。

（5）加强施工现场的安全监督检查，及时发现和纠正不安全行为和做法。

6.2.10　案例十

2012年4月6日，××供电所工作人员在处理三相故障表过程中，无票单人施工，未能对作业的危险点制定预控措施，造成作业人员电弧灼伤事故。

6.2.10.1　事故简要经过

2012年4月6日上午，××供电所抄表工刘××在抄表时发现一居民三相用电表计停走，随时向班长吴××汇报，吴××即安排单××与刘××一起去该户处理故障表，在去的路上因单××车坏了，需要修理，刘××等不及，就叫单××不要去，他一人去换，在换表的过程中未停电，在拆故障表计接线时，未采取绝缘和隔离措施，在拆下第三根相线时，不慎碰到另一根相线，产生相间短路，造成左手被电弧灼伤。

6.2.10.2　发生事故的原因分析

（1）违章作业：违反《配电安规》中“低压带电作业应设专人监护”的规定，而单人工作，失去监护。

（2）低压带电作业，拆除接线时未采取绝缘和隔离措施，造成相间短路。

（3）居民用户故障表更换管理混乱，存在无票工作现象。

6.2.10.3　防范措施

（1）坚持工作票制度，严禁单人工作。

（2）严格落实各项安全措施，加强自我保护意识。

（3）严格执行工作现场监护制度，及时纠正不安全行为。

附录 A　现场勘察单记录格式

勘察单位：　　　　　　　　　　部门（或班组）：　　　　　　　　编号：

勘察负责人：　　　　　　　　　勘察人员：

勘察的线路名称或设备双重名称（多回应注明双重称号及方位）：

工作任务［工作地点（地段）和工作内容］：

现场勘察内容：

1．工作地点需要停电的范围
2．保留的带电部位
3．作业现场的条件、环境及其他危险点［应注明：交叉、邻近（同杆塔、并行）电力线路；多电源、自发电情况；地下管网沟道及其他影响施工作业的设施情况］
4．应采取的安全措施（应注明：接地线、绝缘隔板、遮栏、围栏、标示牌等装设位置）
5．附图与说明

记录人：　勘察日期：　　年　　月　　日　　时　　分至　　日　　时　　分

附录 B　现场勘察记录填写说明

B1　勘察单位

指勘察工作负责人所在的单位名称。

B2　部门（或班组）

指勘察工作负责人所在的部门或班组名称。

B3　编号

编号应连续且唯一，不得重号。

B4　勘察负责人

组织该项勘察工作的负责人签名。

B5　勘察人员

所有进行现场勘察的人员应由本人签字，包括设备运维单位所派人员。

B6　勘察的线路名称或设备的双重名称（多回应注明双重称号及方位）

填写勘察的线路或设备的电压等级、双重名称；多回路还应填写双重称号（即线路名称和位置称号）、色标。结合现场实际勘察情况进行填写。

B7　工作任务［工作地点（地段）和工作内容］

根据停电计划和工作方案，结合现场实际勘察情况进行填写。

B8　现场勘察内容

1．工作地点需要停电的范围

待检修线路（含分支线路）名称及起止杆号；需要停电才能工作的同杆（塔）、

交叉跨越线路或邻近线路的名称及起止杆号。

2. 保留的带电部位

待检修线路工作地段及周围所保留的带电部位。

3. 作业现场的条件、环境及其他危险点［应注明：交叉、邻近（同杆塔、并行）电力线路；多电源、自发电情况；地下管网沟道及其他影响施工作业的设施情况］

工作地点周围有可能误碰、误登的带电设备；需要跨越铁路、公路、河道、管道、电力或通信线路等重要跨越部位；多电源、自发电情况；地下管网沟道及其他影响施工作业的设施情况。

4. 应采取的安全措施（应注明：接地线、绝缘隔板、遮栏、围栏、标示牌等装设位置）

针对作业现场危险点，应采取的安全防范措施，确定接地线、绝缘隔板、遮栏、围栏、标示牌等装设位置。

5. 附图与说明

绘制待检修线路地理走径图并标明邻近带电线路和设备名称及铁路、公路、河道、管道、电力或通信线路等重要跨越物。

附录C 工作票填写说明

C1 低压工作票填写说明

_____________单位：

（1）本公司进行的工作，填写工作负责人所在的单位名称。

（2）外单位来本公司进行的工作，填写施工单位名称（例如：××送变电公司到××供电公司进行线路工作，“单位”栏目应填写“××送变电公司”）。

编号：

（1）工作票的编号，同一单位（部门）同一类型的工作票应统一编号，不得重号。

（2）计算机开票时，单位和编号由系统自动生成。

（3）当工作票打印有续页时，在每张续页右上方填写工作票编号。

班组：

应填写工作负责人所在班组名称。对于两个及以上班组共同进行的工作，则班组名称填写“综合班组”。

1．工作负责人

填写该项工作的负责人姓名。

2．工作班成员（不包括工作负责人）

填写参与工作的全部工作班成员姓名，然后注明“共×人”（不包括工作负责人）。参与该项工作的农民工、临时工等其他人员也应包括在“工作班人员”中。

一张工作票几个小组同时工作，使用工作任务单时，工作票的工作班成员栏内，可只填写各工作任务单的小组负责人姓名，注明“等×人”。工作任务单上应填写本工作小组所有人员姓名。

注：班组栏填写“综合班组”的，工作班成员的前面必须填写所在班组名称，如没有相应的班组，可填写“厂方人员”“起重工”等。例如：

检修一班：张×、王×；

厂方人员：李×、赵×。

3．工作的线路名称或设备双重名称（多回路应注明双重称号及方位）、工作任务

填写工作线路（包括有工作的分支线路等）电压等级、双重名称（同杆双回或多回线路应注明线路位置称号）、工作地段起止杆号及对应的工作内容。

工作内容应填写明确，术语规范。必须将所有工作内容填全，不得省略。

4．计划工作时间

填写已批准的检修期限。

用阿拉伯数字填写，月、日、时、分使用双位数字和24h制；若无特殊说明，以下要求相同。

5．安全措施（必要时可附页绘图说明）

5.1　工作的条件和应采取的安全措施（停电、接地、隔离和装设的安全遮栏、围栏、标示牌等）

填写应改为检修状态的线路或设备双重名称，以及应采取的停电、接地、隔离和装设的安全遮栏、围栏、标示牌等措施。

5.2　保留的带电部位

应注明工作地点或地段保留的带电线路、设备的名称及杆号，包括同杆架设、平行、交叉跨越的线路名称。配电线路、分接箱中断开的开关、刀闸带电侧等均应在工作票中注明。没有则填“无”。

5.3　其他安全措施和注意事项

填写需要特别说明的安全注意事项。没有则填写“无”。

5.4　应装设的接地线

线路名称或设备双重名称和装设位置：填写应装设工作接地线的确切位置、地点，如0.4kV×线×号杆加号侧。

（1）各工作班工作地段两端和有可能送电到停电线路的分支线（包括用

户）都要挂接地线。

（2）配合停电线路上的接地线，可以只在停电检修线路工作地点附近安装一组；在需要升降线时应挂两组接地线。

接地线编号：填写应装设接地线的编号。分段工作，同一编号的接地线可分段重复使用。接地线编号栏在挂好接地线后由工作负责人在现场填写。

装设时间、拆除时间：工作负责人依据现场工作班成员装设或拆除接地线完毕的时间填写。分段装设的接地线应根据工作区段转移情况逐段填写。接地线装、拆时间填写应采用24h制，可仅填写时、分，如14时06分。

工作票签发人、工作负责人签名：对上述工作任务、安全措施及注意事项确认无误后，工作票签发人、工作负责人签名并填写相应时间。“双签发”时应履行同样手续。

6．工作许可

6.1　现场补充的安全措施

工作负责人或工作许可人根据现场的实际情况，补充其他安全措施和注意事项。无补充内容时填“无”。

6.2　确认本工作票安全措施正确完备，许可工作开始

工作许可人和工作负责人在工作票上填写许可方式、许可工作时间，并分别签名。

7．现场交底，工作班成员确认工作负责人布置的工作任务、人员分工、安全措施和注意事项并签名

工作班成员在明确了工作负责人交代的工作内容、人员分工、带电部位、现场布置的安全措施和工作的危险点及防范措施后，每个工作班成员在工作负责人所持的工作票本栏签名（空间不足时，可在开工会记录上签名或另附页；签名只需一处），不得代签。

8．每日开工和收工记录（使用一天的工作票不必填写）

填写每日收工和次日开工时间，工作负责人和工作许可人双方均应填写姓名、时间。

9．工作票终结

填写拆除的所有工作接地线组数和个人保安线数量。

工作许可人和工作负责人分别在工作票上签名并填写工作终结时间。

10．备注

填写工作负责人、工作班成员、专职监护人变动信息、工作任务的变更情况等其他需要说明的事项。

C2 配电故障紧急抢修单填写说明

______________单位：

（1）本公司进行的工作，填写工作班组所在的单位名称；

（2）外单位来本公司进行的工作，填写施工单位名称（例如：××送变电公司到××供电公司进行线路工作，“单位”栏目应填写“××送变电公司”）。

编号：

（1）工作票的编号，同一单位（部门）同一类型的工作票应统一编号，不得重号。

（2）计算机开票时，单位和编号由系统自动生成。

（3）当工作票打印有续页时，在每张续页右上方填写工作票编号。

班组：

应填写抢修负责人所在班组名称。对于两个及以上班组共同进行的工作，则班组名称填写“综合班组”。

1．抢修工作负责人

抢修工作负责人必须具有工作负责人资格。

2．抢修班人员（不包括抢修负责人）

填写参与工作的全部工作班成员姓名，然后注明“共×人”（不包括工作负责人）。

参与该项工作的农民工、临时工等其他人员也应包括在“工作班人员”中。

注：班组栏填写“综合班组”的，工作班成员的前面必须填写所在班组名

称，如没有相应的班组，可填写“厂方人员”“起重工”等。例如：

检修一班：张×、王×；

厂方人员：李×、赵×。

3．抢修工作任务

工作地点或设备［注明变（配）电站、线路名称、设备双重名称及起止杆号］

填写抢修线路或设备双重名称及具体的工作地点。

工作内容：

填写抢修内容，要求工作任务明确具体，术语规范。

4．安全措施

由调控中心完成的线路间隔名称、状态（检修、热备用、冷备用）：填写由调控中心完成安措的线路间隔名称及应改为的状态。

现场应断开的断路器（开关）、隔离开关（刀闸）、熔断器：填写抢修现场应断开的断路器（开关）、隔离开关（刀闸）、熔断器等。没有则填“无”。

应装设的遮栏（围栏）及悬挂的标示牌：分类填写应设置的遮栏、标示牌及所设的位置。

应装设的接地线的位置、编号及装、拆时间：填写抢修现场装设的工作接地线位置、编号和装设、拆除时间。接地线装、拆时间填写应采用24h制，可仅填写时、分，如14时06分。

保留带电部位及其他安全注意事项：明确抢修地点保留的带电部位和带电的设备，根据抢修任务、现场情况，填写采取安全注意事项。

5．上述1～4项由抢修工作负责人根据抢修任务布置人的指令，并根据现场勘察情况填写

填写抢修工作负责人、抢修任务布置人姓名。

6．许可抢修时间

由抢修负责人填写许可抢修时间和许可人。

用阿拉伯数字填写，月、日、时、分使用双位数字和24h制。

7. 抢修结束汇报

填写抢修结束时间，注明现场设备经抢修后的状况，现场保留的安全措施。最后填写工作许可人、抢修工作负责人姓名及汇报时间。

8. 备注

其他需要交代或需要记录的事项。

附录 D　个体防护装备试验项目、周期和要求

个体防护装备试验项目、周期和要求见表 D1。

表 D1　　个体防护装备试验项目、周期和要求

<table>
<tr><th>序号</th><th>名称</th><th>项目</th><th>周期</th><th colspan="3">要求</th><th>说明</th></tr>
<tr><td rowspan="2">1</td><td rowspan="2">安全帽</td><td>冲击性能试验</td><td>按规定期限</td><td colspan="3">冲击力不大于 4900N，帽壳不得有碎片脱落</td><td rowspan="2">依据《国家电网公司电力安全工作规程》，使用期限：从制造之日起，塑料帽不大于 2.5 年，玻璃钢帽不大于 3.5 年</td></tr>
<tr><td>耐穿刺性能试验</td><td>按规定期限</td><td colspan="3">钢锥不得接触头模表面，帽壳不得有碎片脱落</td></tr>
<tr><td>2</td><td>防护眼镜</td><td>佩戴检查</td><td>每次使用前</td><td colspan="3">不得有肉眼可见的开裂、变形，佩戴后不应有压迫鼻梁刮擦面部及耳朵的现象</td><td>—</td></tr>
<tr><td>3</td><td>自吸过滤式防毒面具</td><td>佩戴检查</td><td>每次使用前</td><td colspan="3">以目测检查面具的完整性、气密性和滤罐有效期。面罩密合框应与佩戴者颜面密合，无明显压痛感</td><td>—</td></tr>
<tr><td>4</td><td>正压式消防空气呼吸器</td><td>复合气瓶检验</td><td>3 年</td><td colspan="3">水压试验：满水 8h 后，保持试验压力的 100%～103%不少于 60s，变形率不超过 5%。
气密性试验：充入试验压力气体，不少于 1min，无气泡出现</td><td>依据 GB 24161《呼吸器用复合气瓶定期检验和评定》</td></tr>
<tr><td rowspan="4">5</td><td rowspan="4">安全带</td><td rowspan="4">整体静负荷试验</td><td rowspan="4">1 年</td><td>分类</td><td>试验力值（N）</td><td>试验时间（min）</td><td rowspan="4">参照 GB 6095—2009《安全带》和 DL/T 1476—2015《安全工器具预防性试验规程》要求</td></tr>
<tr><td>围杆作业安全带</td><td>2205</td><td>5</td></tr>
<tr><td>区域限制安全带</td><td>1200</td><td>5</td></tr>
<tr><td>坠落悬挂安全带</td><td>3300</td><td>5</td></tr>
<tr><td>6</td><td>安全绳</td><td>静负荷试验</td><td>1 年</td><td colspan="3">施加 2205N 静拉力，持续时间 5min</td><td rowspan="2">参照《国家电网公司电力安全工作规程》</td></tr>
<tr><td>7</td><td>连接器</td><td>静负荷试验</td><td>1 年</td><td colspan="3">施加 2205N 静拉力，持续时间 5min</td></tr>
<tr><td>8</td><td>速差自控器</td><td>空载动作试验</td><td>1 年</td><td colspan="3">将速差器钢丝绳（或合成纤维带）在其全行程中任选 5 处，进行拉出，制动。拉出的钢丝绳（或合成纤维带）卸载或锁止卸载后，即能自动回缩，不应有卡绳（或卡带）现象</td><td>依据 DL/T 1147—2009《电力高处作业防坠器》</td></tr>
</table>

续表

序号	名称	项目	周期	要求	说明
9	导轨自锁器	静负荷试验	1年	施加2205N静拉力，持续时间5min	参照《国家电网公司电力安全工作规程》
10	缓冲器	静负荷试验	1年	施加2205N静拉力，持续时间5min	
11	安全网	检查	每次使用前	网体、边绳、系绳、筋绳无灼伤、断纱、破洞、变形及有碍使用的编织缺陷。平网和立网的网目边长不大于0.08m，系绳与网体连接牢固，沿网边均匀分布，相邻两系绳间距不大于0.75m，系绳长度不小于0.8m；平网相邻两筋绳间距不大于0.3m	依据GB 5725—2009《安全网》
12	静电防护服	屏蔽效率试验	半年	屏蔽效率不小于26dB	依据DL/T 976—2005《带电作业工具、装置和设备预防性试验规程》
13	防电弧服	检查	每次使用前	标识清晰完整，外观无破损	—
14	耐酸服	检查	每次使用前	标识清晰完整，外观无破损	—
15	SF_6防护服	检查	每次使用前	以目测检查防护服的完整性和气密性，标识清晰完整，外观无破损	—
16	耐酸手套	检查	每次使用前	标识清晰，外观无破损	—
17	耐酸靴	检查	每次使用前	标识清晰完整，外观无破损	—
18	导电鞋（防静电鞋）	直流电阻试验	穿用不超过200 h	电阻值小于100kΩ	依据《国家电网公司电力安全工作规程》
19	个人保安线	成组直流电阻试验	不超过5年	在各接线鼻之间测量直流电阻，对于16、25mm^2的各种截面积，平均每米的电阻值应分别不大于1.24、0.79mΩ	
20	SF_6气体检漏仪	检查	每次使用前	标识清晰完整，外观无破损，自检功能正常	—
21	含氧量测试仪及有害气体检测仪	检查	每次使用前	标识清晰完整，外观无破损，自检功能正常	—

附录 E 绝缘安全工器具预防性试验项目、周期和要求

绝缘安全工器具预防性试验项目、周期和要求见表 E1。

表 E1 绝缘安全工器具预防性试验项目、周期和要求

<table>
<tr><th>序号</th><th>名称</th><th>项目</th><th>周期</th><th colspan="4">要求</th><th>说明</th></tr>
<tr><td rowspan="9">1</td><td rowspan="9">电容型验电器</td><td>起动电压</td><td>1 年</td><td colspan="4">起动电压不高于额定电压的 40%，不低于额定电压的 15%</td><td>依据《国家电网公司电力安全工作规程》</td></tr>
<tr><td rowspan="8">工频耐压试验</td><td rowspan="8">1 年</td><td rowspan="2">额定电压（kV）</td><td rowspan="2">试验长度（m）</td><td colspan="2">工频电压（kV）</td><td rowspan="8">依据《国家电网公司电力安全工作规程》、DL/T 976—2005《带电作业工具、装置和设备预防性试验规程》</td></tr>
<tr><td>1min</td><td>5min</td></tr>
<tr><td>10</td><td>0.4</td><td>45</td><td>—</td></tr>
<tr><td>20</td><td>0.5</td><td>70</td><td>—</td></tr>
<tr><td>35</td><td>0.6</td><td>95</td><td>—</td></tr>
<tr><td>110</td><td>1.0</td><td>220</td><td>—</td></tr>
<tr><td>220</td><td>1.8</td><td>440</td><td>—</td></tr>
<tr><td>500</td><td>3.7</td><td>—</td><td>580</td></tr>
<tr><td rowspan="16">2</td><td rowspan="16">携带型短路接地线</td><td>成组直流电阻试验</td><td>不超过 5 年</td><td colspan="4">在各接线鼻之间测量直流电阻，对于 25、35、50、70、95、120mm² 的各种截面积，平均每米的电阻值应分别不大于 0.79、0.56、0.40、0.28、0.21、0.16mΩ</td><td>依据国家电网《国家电网公司电力安全工作规程》</td></tr>
<tr><td rowspan="15">绝缘杆工频耐压试验</td><td rowspan="15">5 年</td><td rowspan="2">额定电压（kV）</td><td rowspan="2">试验长度（m）</td><td colspan="2">工频电压（kV）</td><td rowspan="15">依据《国家电网公司电力安全工作规程》、DL/T 976—2005《带电作业工具、装置和设备预防性试验规程》</td></tr>
<tr><td>1min</td><td>5min</td></tr>
<tr><td>10</td><td>0.4</td><td>45</td><td>—</td></tr>
<tr><td>20</td><td>0.5</td><td>70</td><td>—</td></tr>
<tr><td>35</td><td>0.6</td><td>95</td><td>—</td></tr>
<tr><td>66</td><td>0.7</td><td>175</td><td>—</td></tr>
<tr><td>110</td><td>1.0</td><td>220</td><td>—</td></tr>
<tr><td>220</td><td>1.8</td><td>440</td><td>—</td></tr>
<tr><td>330</td><td>2.8</td><td>—</td><td>380</td></tr>
<tr><td>500</td><td>3.7</td><td>—</td><td>580</td></tr>
<tr><td>750</td><td>4.7</td><td>—</td><td>780</td></tr>
<tr><td>1000</td><td>6.3</td><td>—</td><td>1150</td></tr>
<tr><td>±500</td><td>3.2</td><td>—</td><td>565*</td></tr>
<tr><td>±800</td><td>6.6</td><td>—</td><td>895*</td></tr>
</table>

续表

序号	名称	项目	周期	要求					说明
3	绝缘杆	工频耐压试验	1年	额定电压（kV）	试验长度（m）	工频电压（kV）			依据《国家电网公司电力安全工作规程》、DL/T 976—2005《带电作业工具、装置和设备预防性试验规程》
						1min	3min	5min	
				10	0.4	45	—	—	
				20	0.5	70	—	—	
				35	0.6	95	—	—	
				66	0.7	175	—	—	
				110	1.0	220	—	—	
				220	1.8	440	—	—	
				330	2.8	—	380	—	
					3.2		—	380	
				500	3.7	—	580	—	
					4.1		—	580	
				750	4.7	—	780	—	
				1000	6.3	—	1150	—	
				±500	3.2	—	680*	—	
				±800	6.6	—	895*	—	
		静抗弯负荷（N）	2年	标称外径28mm及以下	标称外径28mm以上	试验时间（min）			依据DL/T 976—2005《带电作业工具、装置和设备预防性试验规程》
				108	132	1			
4	核相器	连接导线绝缘强度试验	必要时	额定电压（kV）	工频耐压（kV）	持续时间（min）			依据《国家电网公司电力安全工作规程》
				10	8	5			
				35	28	5			
		绝缘部分工频耐压试验	1年	额定电压（kV）	试验长度（m）	工频耐压（kV）	持续时间（min）		
				10	0.7	45	1		
				35	0.9	95	1		
		电阻管泄漏电流试验	半年	额定电压（kV）	工频耐压（kV）	持续时间（min）	泄漏电流（mA）		
				10	10	1	≤2		
				35	35	1	≤2		
		动作电压试验	1年	最低动作电压应达0.25倍额定电压					

续表

<table>
<tr><th>序号</th><th>名称</th><th>项目</th><th>周期</th><th colspan="12">要求</th><th>说明</th></tr>
<tr><td rowspan="6">5</td><td rowspan="6">绝缘遮蔽罩</td><td rowspan="6">工频耐压试验</td><td rowspan="6">半年</td><td colspan="4">额定电压（kV）</td><td colspan="4">工频电压（kV）</td><td colspan="4">持续时间（min）</td><td rowspan="6">依据 DL/T 976—2005《带电作业工具、装置和设备预防性试验规程》</td></tr>
<tr><td colspan="4">0.4</td><td colspan="4">5</td><td colspan="4">1</td></tr>
<tr><td colspan="4">3</td><td colspan="4">10</td><td colspan="4">1</td></tr>
<tr><td colspan="4">10（6）</td><td colspan="4">20</td><td colspan="4">1</td></tr>
<tr><td colspan="4">20</td><td colspan="4">30</td><td colspan="4">1</td></tr>
<tr><td colspan="4">35</td><td colspan="4">50</td><td colspan="4">1</td></tr>
<tr><td rowspan="6">6</td><td rowspan="6">绝缘隔板</td><td rowspan="2">表面工频耐压试验</td><td rowspan="6">1 年</td><td colspan="3">额定电压（kV）</td><td colspan="3">工频耐压（kV）</td><td colspan="3">持续时间（min）</td><td colspan="3">电极间距（mm）</td><td rowspan="7">依据《国家电网公司电力安全工作规程》</td></tr>
<tr><td colspan="3">6～35</td><td colspan="3">60</td><td colspan="3">1</td><td colspan="3">300</td></tr>
<tr><td rowspan="4">工频耐压试验</td><td colspan="4">额定电压（kV）</td><td colspan="4">工频耐压（kV）</td><td colspan="4">持续时间（min）</td></tr>
<tr><td colspan="4">6～10</td><td colspan="4">30</td><td colspan="4">1</td></tr>
<tr><td colspan="4">20</td><td colspan="4">50</td><td colspan="4">1</td></tr>
<tr><td colspan="4">35</td><td colspan="4">80</td><td colspan="4">1</td></tr>
<tr><td>7</td><td>绝缘绳</td><td>工频干闪试验</td><td>半年</td><td colspan="12">0.5m 施加 105kV</td></tr>
<tr><td rowspan="3">8</td><td rowspan="3">绝缘夹钳</td><td rowspan="3">工频耐压试验</td><td rowspan="3">1 年</td><td colspan="3">额定电压（kV）</td><td colspan="3">试验长度（m）</td><td colspan="3">工频耐压（kV）</td><td colspan="3">持续时间（min）</td><td rowspan="3">依据《国家电网公司电力安全工作规程》</td></tr>
<tr><td colspan="3">10</td><td colspan="3">0.7</td><td colspan="3">45</td><td colspan="3">1</td></tr>
<tr><td colspan="3">35</td><td colspan="3">0.9</td><td colspan="3">95</td><td colspan="3">1</td></tr>
<tr><td>9</td><td>带电作业用绝缘安全帽</td><td>工频耐压试验</td><td>半年</td><td colspan="12">施加 20kV，持续 1min</td><td rowspan="10">依据 DL/T 976—2005《带电作业工具、装置和设备预防性试验规程》</td></tr>
<tr><td rowspan="4">10</td><td rowspan="4">绝缘服装</td><td rowspan="4">工频耐压试验</td><td rowspan="4">半年</td><td colspan="4">额定电压（kV）</td><td colspan="4">工频耐压（kV）</td><td colspan="4">持续时间（min）</td></tr>
<tr><td colspan="4">0.4</td><td colspan="4">5</td><td colspan="4">1</td></tr>
<tr><td colspan="4">3</td><td colspan="4">10</td><td colspan="4">1</td></tr>
<tr><td colspan="4">10</td><td colspan="4">20</td><td colspan="4">1</td></tr>
<tr><td rowspan="5">11</td><td rowspan="5">屏蔽服装</td><td rowspan="5">成衣电阻试验和整套服装的屏蔽效率试验</td><td rowspan="5">半年</td><td colspan="8">成衣电阻试验</td><td colspan="4" rowspan="2">屏蔽效率试验（dB）</td></tr>
<tr><td colspan="4">部位</td><td colspan="4">电阻（Ω）</td></tr>
<tr><td colspan="4">上衣</td><td colspan="4">≤15</td><td colspan="4" rowspan="3">≥30</td></tr>
<tr><td colspan="4">裤子</td><td colspan="4">≤15</td></tr>
<tr><td colspan="4">袜子</td><td colspan="4">≤15</td></tr>
</table>

续表

<table>
<tr><th>序号</th><th>名称</th><th>项目</th><th>周期</th><th>要求</th><th>说明</th></tr>
<tr><td>11</td><td>屏蔽服装</td><td>成衣电阻试验和整套服装的屏蔽效率试验</td><td>半年</td><td><table>
<tr><td>手套</td><td>≤15</td><td rowspan="3">≥30</td></tr>
<tr><td>鞋子</td><td>≤500</td></tr>
<tr><td>整套屏蔽服装</td><td>≤20</td></tr>
</table></td><td>依据DL/T 976—2005《带电作业工具、装置和设备预防性试验规程》</td></tr>
<tr><td>12</td><td>带电作业用绝缘手套</td><td>工频耐压及泄漏电流试验</td><td>半年</td><td><table>
<tr><td rowspan="3">额定电压（kV）</td><td rowspan="3">工频耐压（kV）</td><td colspan="4">泄漏电流（≤，mA）</td></tr>
<tr><td colspan="4">手套长度（mm）</td></tr>
<tr><td>280</td><td>360</td><td>410</td><td>≥460</td></tr>
<tr><td>0.4</td><td>5</td><td>10</td><td>12</td><td>14</td><td>16</td></tr>
<tr><td>3</td><td>10</td><td>—</td><td>14</td><td>16</td><td>18</td></tr>
<tr><td>10</td><td>20</td><td>—</td><td>16</td><td>18</td><td>20</td></tr>
<tr><td>20</td><td>30</td><td>—</td><td>18</td><td>20</td><td>22</td></tr>
<tr><td>35</td><td>40</td><td>—</td><td>—</td><td>22</td><td>24</td></tr>
</table></td><td>依据GB/T 17622—2008《带电作业用绝缘手套》</td></tr>
<tr><td>13</td><td>带电作业用绝缘靴（鞋）</td><td>工频耐压及泄漏电流试验</td><td>半年</td><td><table>
<tr><td>分类</td><td>额定电压（kV）</td><td>工频耐压（kV）</td><td>持续时间（min）</td><td>泄漏电流（≤，mA）</td></tr>
<tr><td rowspan="3">鞋</td><td>0.4</td><td>5</td><td>1</td><td>1.5</td></tr>
<tr><td>3</td><td>10</td><td>1</td><td>3</td></tr>
<tr><td>10（6）</td><td>20</td><td>1</td><td>6</td></tr>
<tr><td rowspan="4">靴</td><td>3</td><td>10</td><td>1</td><td>18</td></tr>
<tr><td>10（6）</td><td>20</td><td>1</td><td>20</td></tr>
<tr><td>20</td><td>30</td><td>1</td><td>22</td></tr>
<tr><td>35</td><td>40</td><td>1</td><td>24</td></tr>
</table></td><td>依据DL/T 676—2012《带电作业绝缘鞋（靴）通用技术条件》</td></tr>
<tr><td>14</td><td>带电作业用绝缘垫（毯）</td><td>工频耐压试验</td><td>半年</td><td><table>
<tr><td>额定电压（kV）</td><td>工频耐压（kV）</td><td>持续时间（min）</td></tr>
<tr><td>0.4</td><td>5</td><td>1</td></tr>
<tr><td>3</td><td>10</td><td>1</td></tr>
<tr><td>10（6）</td><td>20</td><td>1</td></tr>
<tr><td>20</td><td>30</td><td>1</td></tr>
</table></td><td>依据DL/T 976—2005《带电作业工具、装置和设备预防性试验规程》</td></tr>
<tr><td>15</td><td>带电作业用绝缘硬梯</td><td>工频耐压试验</td><td>1年</td><td><table>
<tr><td rowspan="2">额定电压（kV）</td><td rowspan="2">试验长度（m）</td><td colspan="2">工频电压（kV）</td></tr>
<tr><td>1min</td><td>5min</td></tr>
<tr><td>10</td><td>0.4</td><td>45</td><td>—</td></tr>
<tr><td>20</td><td>0.5</td><td>70</td><td>—</td></tr>
<tr><td>35</td><td>0.6</td><td>95</td><td>—</td></tr>
</table></td><td>依据DL/T 976—2005《带电作业工具、装置和设备预防性试验规程》；参照《国家电网公司电力安全工作规程》</td></tr>
</table>

续表

序号	名称	项目	周期	要求				说明
15	带电作业用绝缘硬梯	工频耐压试验	1年	66	0.7	175	—	依据DL/T 976—2005《带电作业工具、装置和设备预防性试验规程》；参照《国家电网公司电力安全工作规程》
				110	1.0	220	—	
				220	1.8	440	—	
				330	2.8	—	380	
				500	3.7	—	580	
				750	4.7	—	780	
				1000	6.3	—	1150	
				±500	3.2	—	680*	
				±800	6.6	—	895*	
		静负荷试验	2年	施加压力1000N，保持5min				依据GB/T 17620—2008《带电作业用绝缘硬梯》
16	绝缘托瓶架	工频耐压试验	1年	额定电压（kV）	试验长度（m）	工频电压（kV）		依据DL/T 976—2005《带电作业工具、装置和设备预防性试验规程》；参照《国家电网公司电力安全工作规程》
						1min	5min	
				110	1.0	220	—	
				220	1.8	440	—	
				330	2.8	—	380	
				500	3.7	—	580	
				750	4.7	—	780	
				1000	6.3	—	1150	
				±500	3.2	—	680*	
				±800	6.6	—	895*	
		静抗弯负荷	2年	额定电压（kV）	试验长度（m）	静抗弯负荷kN	持续时间（min）	依据DL/T 976—2005《带电作业工具、装置和设备预防性试验规程》
				110	1.17	0.72	1	
				220	2.05	1.44	1	
				330	2.95	2.16	1	
				500	4.70	3.60	1	
				750	5.90	4.08	1	
				±500	5.20	3.84	1	

续表

<table>
<tr><th>序号</th><th>名称</th><th>项目</th><th>周期</th><th colspan="4">要求</th><th>说明</th></tr>
<tr><td rowspan="22">17</td><td rowspan="22">带电作业用绝缘绳（绳索类工具）</td><td rowspan="14">工频耐压试验</td><td rowspan="14">1年</td><td rowspan="2">额定电压（kV）</td><td rowspan="2">试验长度（m）</td><td colspan="2">工频电压（kV）</td><td rowspan="14">依据 DL/T 976—2005《带电作业工具、装置和设备预防性试验规程》；参照《国家电网公司电力安全工作规程》</td></tr>
<tr><td>1min</td><td>5min</td></tr>
<tr><td>10</td><td>0.4</td><td>45</td><td>—</td></tr>
<tr><td>20</td><td>0.5</td><td>70</td><td>—</td></tr>
<tr><td>35</td><td>0.6</td><td>95</td><td>—</td></tr>
<tr><td>66</td><td>0.7</td><td>175</td><td>—</td></tr>
<tr><td>110</td><td>1.0</td><td>220</td><td>—</td></tr>
<tr><td>220</td><td>1.8</td><td>440</td><td>—</td></tr>
<tr><td>330</td><td>2.8</td><td>—</td><td>380</td></tr>
<tr><td>500</td><td>3.7</td><td>—</td><td>580</td></tr>
<tr><td>750</td><td>4.7</td><td>—</td><td>780</td></tr>
<tr><td>1000</td><td>6.3</td><td>—</td><td>1150</td></tr>
<tr><td>±500</td><td>3.2</td><td>—</td><td>680*</td></tr>
<tr><td>±800</td><td>6.6</td><td>—</td><td>895*</td></tr>
<tr><td rowspan="8">静负荷试验</td><td rowspan="8">2年</td><td colspan="2">名称</td><td>力值（kN）</td><td>试验时间（min）</td><td rowspan="8">依据 DL/T 976—2005《带电作业工具、装置和设备预防性试验规程》</td></tr>
<tr><td colspan="2">人身绝缘保险绳</td><td>4.4</td><td>5</td></tr>
<tr><td colspan="2">240mm² 及以下单导线绝缘保险绳</td><td>20</td><td>5</td></tr>
<tr><td colspan="2">400mm² 及以下单双分裂导线绝缘保险绳</td><td>30</td><td>5</td></tr>
<tr><td colspan="2">2×300mm² 及以下双分裂导线绝缘保险绳</td><td>60</td><td>5</td></tr>
<tr><td colspan="2">2×630mm² 及以下双分裂导线绝缘保险绳</td><td>60</td><td>5</td></tr>
<tr><td colspan="2">4×400mm² 及以下四分裂导线绝缘保险绳</td><td>60</td><td>5</td></tr>
<tr><td colspan="2">4×720mm² 及以下四分裂导线绝缘保险绳</td><td>110</td><td>5</td></tr>
</table>

续表

<table>
<tr><th>序号</th><th>名称</th><th>项目</th><th>周期</th><th colspan="4">要求</th><th>说明</th></tr>
<tr><td rowspan="21">18</td><td rowspan="21">绝缘软梯</td><td rowspan="14">工频耐压试验</td><td rowspan="14">1年</td><td rowspan="2">额定电压（kV）</td><td rowspan="2">试验长度（m）</td><td colspan="2">工频电压（kV）</td><td rowspan="14">依据DL/T 976—2005《带电作业工具、装置和设备预防性试验规程》；参照《国家电网公司电力安全工作规程》</td></tr>
<tr><td>1min</td><td>5min</td></tr>
<tr><td>10</td><td>0.4</td><td>45</td><td>—</td></tr>
<tr><td>20</td><td>0.5</td><td>70</td><td>—</td></tr>
<tr><td>35</td><td>0.6</td><td>95</td><td>—</td></tr>
<tr><td>66</td><td>0.7</td><td>175</td><td>—</td></tr>
<tr><td>110</td><td>1.0</td><td>220</td><td>—</td></tr>
<tr><td>220</td><td>1.8</td><td>440</td><td>—</td></tr>
<tr><td>330</td><td>2.8</td><td>—</td><td>380</td></tr>
<tr><td>500</td><td>3.7</td><td>—</td><td>580</td></tr>
<tr><td>750</td><td>4.7</td><td>—</td><td>780</td></tr>
<tr><td>1000</td><td>6.3</td><td>—</td><td>1150</td></tr>
<tr><td>±500</td><td>3.2</td><td>—</td><td>680*</td></tr>
<tr><td>±800</td><td>6.6</td><td>—</td><td>895*</td></tr>
<tr><td rowspan="4">静负荷试验</td><td rowspan="4">2年</td><td colspan="2">分类</td><td>力值（kN）</td><td>试验时间（min）</td><td rowspan="4">依据DL/T 976—2005《带电作业工具、装置和设备预防性试验规程》</td></tr>
<tr><td colspan="2">两边绳上下端绳索套扣</td><td>4.9</td><td>5</td></tr>
<tr><td colspan="2">两边绳上端绳索套扣至横登中心点</td><td>2.4</td><td>5</td></tr>
<tr><td colspan="2">软梯头</td><td>2.4</td><td>5</td></tr>
</table>

* 直流耐压试验的加压值。

附录F　登高工器具试验项目、周期和要求

登高工器具试验项目、周期和要求见表F1。

表F1　　登高工器具试验项目、周期和要求

<table>
<tr><th>序号</th><th>名称</th><th>项目</th><th>周期</th><th colspan="4">要求</th><th>说明</th></tr>
<tr><td>1</td><td>脚扣</td><td>静负荷试验</td><td>1年</td><td colspan="4">施加1176N静拉力，持续时间5min</td><td rowspan="3">依据《国家电网公司电力安全工作规程》</td></tr>
<tr><td>2</td><td>升降板（登高板）</td><td>静负荷试验</td><td>半年</td><td colspan="4">施加2205N静拉力，持续时间5min</td></tr>
<tr><td rowspan="13">3</td><td>梯子（竹、木）</td><td>静负荷试验</td><td>半年</td><td colspan="4">施加1765N静拉力，持续时间5min</td></tr>
<tr><td rowspan="12">梯子（复合材料）</td><td>静负荷试验</td><td>1年</td><td colspan="4">施加1765N静拉力，持续时间5min</td><td rowspan="12">依据DL/T 1209—2013《变电站登高作业及防护器材技术要求》</td></tr>
<tr><td rowspan="11">工频耐压试验</td><td rowspan="11">1年</td><td rowspan="2">额定电压（kV）</td><td rowspan="2">试验长度（m）</td><td colspan="2">工频电压（kV）</td></tr>
<tr><td>1min</td><td>3min</td></tr>
<tr><td>10</td><td>0.4</td><td>20</td><td>—</td></tr>
<tr><td>20</td><td>0.5</td><td>35</td><td>—</td></tr>
<tr><td>35</td><td>0.6</td><td>45</td><td>—</td></tr>
<tr><td>66</td><td>0.7</td><td>75</td><td>—</td></tr>
<tr><td>110</td><td>1.0</td><td>130</td><td>—</td></tr>
<tr><td>220</td><td>1.8</td><td>240</td><td>—</td></tr>
<tr><td>330</td><td>2.8</td><td>—</td><td>340</td></tr>
<tr><td>500</td><td>3.7</td><td>—</td><td>530</td></tr>
<tr><td>±500</td><td>3.2</td><td>—</td><td>520*</td></tr>
<tr><td>4</td><td>软梯</td><td>静负荷试验</td><td>半年</td><td colspan="4">施加4900N静拉力，持续时间5min</td><td>依据《国家电网公司电力安全工作规程》</td></tr>
<tr><td rowspan="3">5</td><td rowspan="3">快装脚手架</td><td rowspan="3">静负荷试验</td><td rowspan="3">1年</td><td>类别</td><td>试验值（kg）</td><td colspan="2">试验时间（min）</td><td rowspan="3">依据DL/T 1209—2013《变电站登高作业及防护器材技术要求》</td></tr>
<tr><td>平台强度</td><td>1.0倍额定载荷</td><td colspan="2">5</td></tr>
<tr><td>踏档强度</td><td>100</td><td colspan="2">5</td></tr>
</table>

续表

<table>
<tr><th rowspan="2">序号</th><th rowspan="2">名称</th><th rowspan="2">项目</th><th rowspan="2">周期</th><th colspan="3">要求</th><th rowspan="2">说明</th></tr>
<tr><th>分类</th><th>试验值（kg）</th><th>试验时间（min）</th></tr>
<tr><td rowspan="3">6</td><td rowspan="3">检修平台</td><td rowspan="3">静负荷试验</td><td rowspan="3">1年</td><td>平台强度试验</td><td>1.0倍额定载荷</td><td>5</td><td rowspan="3">依据DL/T 1209—2013《变电站登高作业及防护器材技术要求》</td></tr>
<tr><td>悬挂装置强度试验</td><td>1.0倍额定载荷</td><td>5</td></tr>
<tr><td>踏档强度试验</td><td>100</td><td>5</td></tr>
</table>

* 直流耐压试验的加压值。

附录G　电力线路作业现场围栏和标示牌设置范例

示例1：线路杆塔组立施工（见图G1）

安全措施布置要点：

（1）在线路杆塔组立的施工现场四周设置安全围栏。

（2）在安全围栏出入口处悬挂“从此进出！”“在此工作！”标示牌，出入口设置应方便作业人员、车辆及施工机械进出。

（3）安全围栏大小应依据杆塔长度、起吊高度、作业人员活动区域、高空坠落范围半径等因素综合考虑。

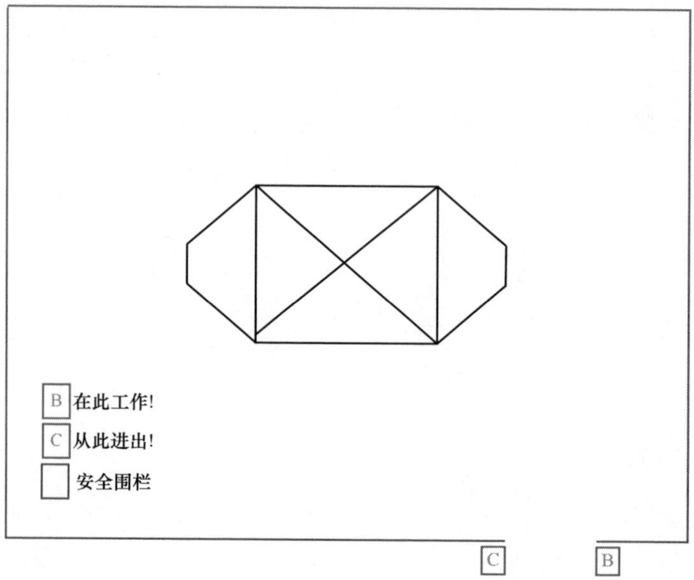

图G1　线路杆塔组立施工示意图

示例2：线路作业区域部分占用道路（道路指一级及以下公路）（见图G2）

安全措施布置要点：

（1）在牵张场地、落线工作区域、工作杆塔等作业区域四周设置安全围栏。

（2）在安全围栏出入口处悬挂“从此进出！”“在此工作！”标示牌。

（3）在作业区域道路两侧交通道口或作业区域外50m处放置“前方施工”

“车辆慢行”标示牌，标示牌字背向施工区域，面向车辆驶入方向。

（4）在“前方施工”“车辆慢行”标示牌与安全围栏间、安全围栏外围设置适量锥形交通标。

（5）设置的围栏、标示牌应符合公安机关交通管理部门规定，必要时请交通管理部门配合。

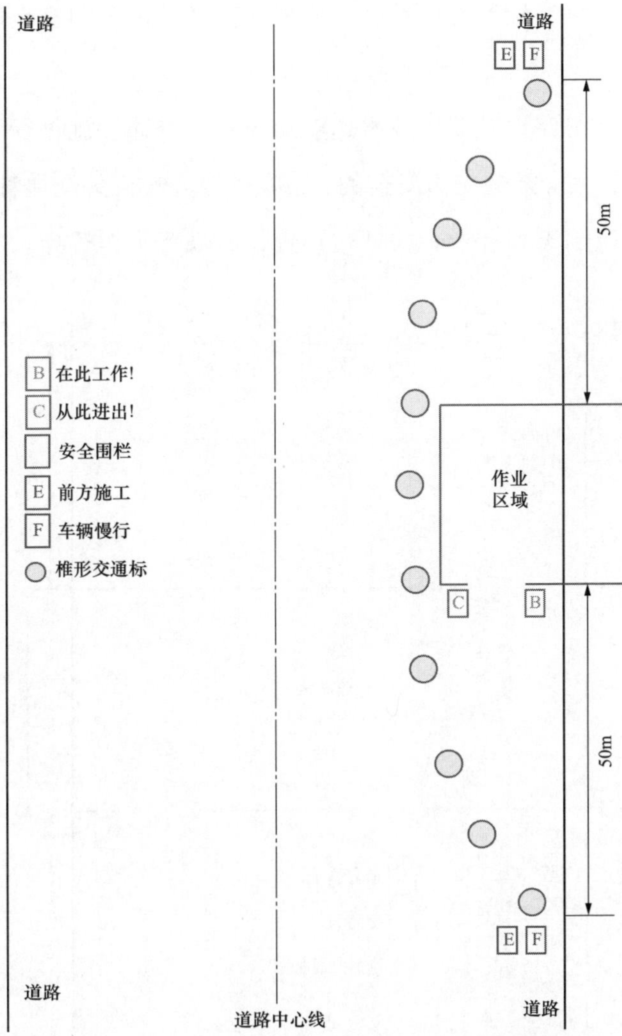

图G2　线路作业区域部分占用道路示意图

示例3：线路作业区域全部占用道路（道路指一级及以下公路）（见图G3）安全措施布置要点：

（1）在作业区域四周设置安全围栏。

（2）在安全围栏出入口处悬挂“从此进出！”“在此工作!”标示牌。

（3）在作业区域道路两侧交通道口或安全围栏外 50m 处放置“前方施工”“道路封闭”标示牌，标示牌字背向施工区域，面向车辆驶入方向。

（4）在“前方施工”“道路封闭”标示牌两侧设置适量锥形交通标。

（5）设置的围栏、标示牌应符合公安机关交通管理部门规定，必要时请交通管理部门配合。

（6）跨越高速公路、铁路以及水运航道等重要交通设施进行施工作业，事先应经主管部门同意，影响交通安全的，还应征得公安机关交通管理部门同意，安全措施严格按照国家和行业有关规定设置，本规范不作解释。

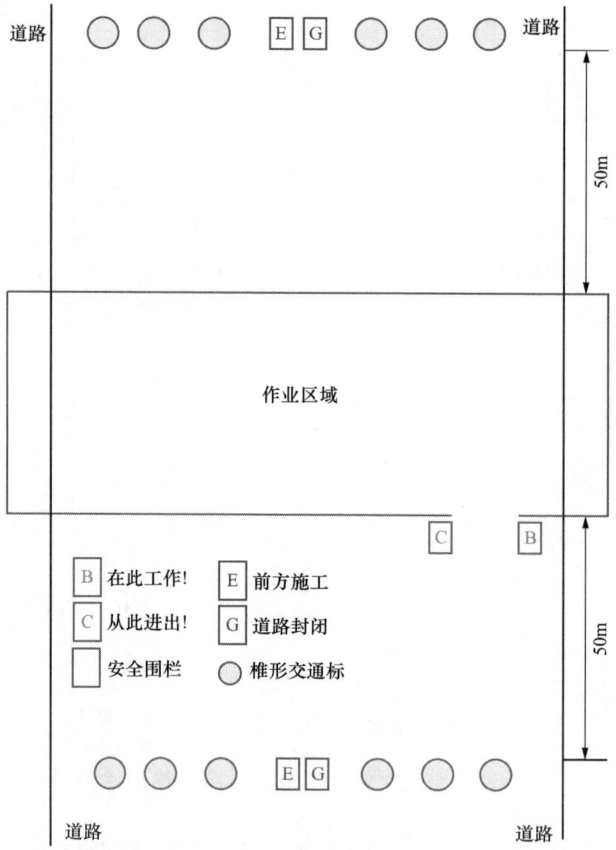

图 G3　线路作业区域全部占用道路示意图

示例 4：居民区及城市道路附近电缆分支箱检修工作（见图 G4）

安全措施布置要点：

（1）在电缆分支箱四周设置安全围栏。

（2）在安全围栏出入口处悬挂“从此进出！”“在此工作！”标示牌。

（3）占用人行道、非机动车道及机动车道时，安全围栏面向车辆、行人前进方向设置“前方施工”标示牌。占道施工应留有合理通道，尽量避免全部占用。

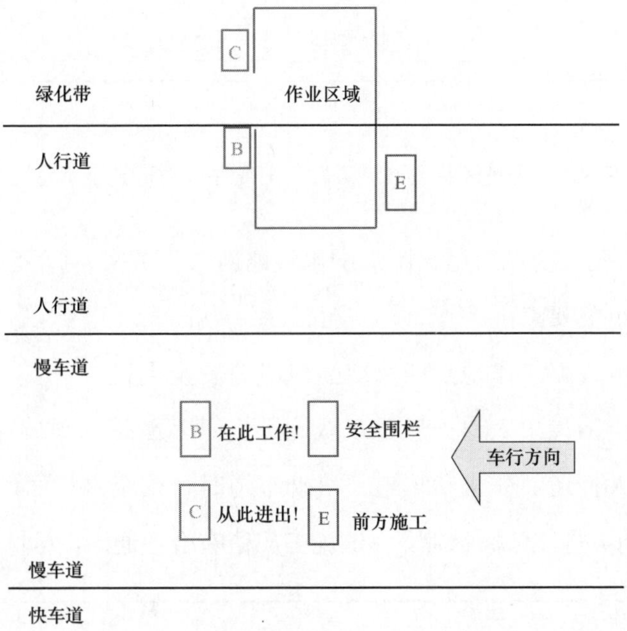

图 G4　居民区及城市道路附近电缆分支箱检修工作示意图

示例 5：居民区及城市道路附近电缆井或沟道施工（见图 G5）

安全措施布置要点：

（1）在电缆井施工现场四周设置安全围栏，与道路尽量保持水平或垂直。

（2）在安全围栏出入口处悬挂“从此进出！”“在此工作！”标示牌。

（3）占用人行道、非机动车道及机动车道时，安全围栏面向车辆、行人前进方向设置“前方施工”标示牌。占道施工应留有合理通道，尽量避免全部占用。

（4）若进行电缆地下沟道开挖工作，需在沟道作业区域四周装设安全围栏、设置标示牌。

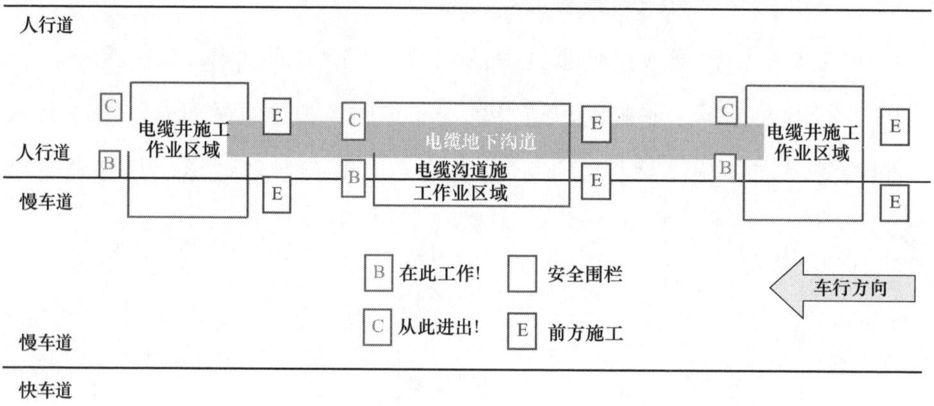

图 G5　居民区及城市道路附近电缆井或沟道施工示意图

示例 6：居民区及城市道路附近配电线路新放、更换、拆除工作（见图 G6）安全措施布置要点：

（1）在配电线路工作地点四周或分段设置安全围栏。

（2）在安全围栏出入口处悬挂“从此进出！”“在此工作！”标示牌。

（3）占用人行道、非机动车道及机动车道时，安全围栏面向车辆、行人前进方向设置“前方施工”标示牌。占道施工应留有合理通道，尽量避免全部占用。

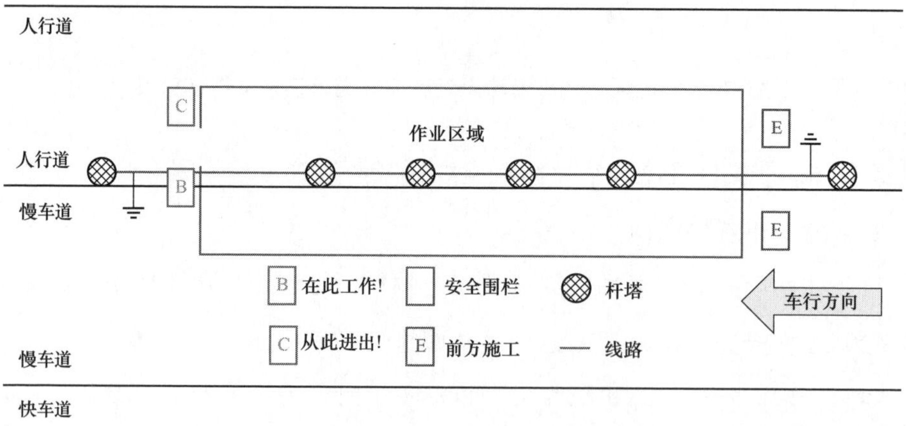

图 G6　居民区及城市道路附近配电线路新放、更换、拆除工作示意图

示例 7：配电变压器台架上进行配电变压器检修作业（见图 G7）

安全措施布置要点：

（1）在配电变压器台架工作地点下方四周设置安全围栏。

（2）在安全围栏出入口处悬挂“从此进出！”“在此工作！”标示牌。

（3）在配电变压器高压侧跌落式熔断器操作处悬挂“禁止合闸，有人工作！”标示牌。

（4）该施工区域为公路、城市道路及人口密集地段附近时，交通道路上的安全措施设置根据现场情况参照示例 2～4 实施。

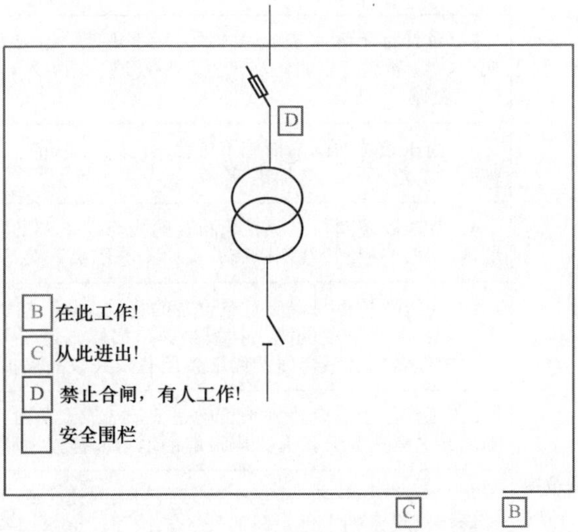

图 G7　配电变压器台架上进行配电变压器检修作业示意图

附录 H　风险评估危险因素

风险评估危险因素见表 H1。

表 H1　　风险评估危险因素

序号	评估类别	危险因素
一	触电伤害	
（一）	误入、误登带电设备	1．设备检修时，工作人员与带电部位的安全距离小于规定值，造成人员触电
		2．悬挂标示牌和装设遮（围）栏不规范，造成人员触电。如：标示牌缺少、数量不足或朝向不正确，装设遮（围）栏满足不了现场安全的实际要求等
		3．高压设备的隔离措施不规范，造成误入带电设备触电。如：遮栏不稳固，高度不足，未加锁等
		4．对难以做到与电源完全断开的检修设备未采取有效措施，造成人员触电。如：检修母线侧隔离开关时未将隔离开关母线侧引线带电拆除等
		5．高压开关柜易误碰有电设备的孔洞，隔离措施不规范，造成人员触电。如：手车开关的隔离挡板缺失、损坏、封闭不严，封闭式组合电器引出电缆备用孔或母线的终端备用孔未采取隔离措施等
		6．工作票上安全措施不正确完备，造成人员触电。如：应拉断路器、隔离开关等未拉开，有来电可能的地点漏挂接地线等
		7．检修设备停电，未能把各方面的电源完全断开，造成人员触电。如：星形接线设备的中性点隔离开关未拉开，检修设备没有明显断开点，有反送电可能的设备与检修设备之间未断开等
		8．高压设备名称、编号标志设置不规范、不齐全造成误入、误登带电设备触电。如：设备标牌脱落、字迹不清、更换名称标牌不及时等
		9．现场安全交底内容不清楚，造成人员触电。如：工作负责人布置工作任务时未向工作班成员交代杆塔双重名称及编号，工作班成员登杆前未核对双重称号和标志导致误登带电杆塔触电
		10．忽视对外协工作人员、临时工的安全交底，造成人员触电。如：使用少量的外协工作人员、临时工时，未进行安全交底
		11．检修人员擅自工作或不在规定的工作范围内工作，误入、误登带电间隔，造成人员触电。如：无票工作、未经许可工作、擅自扩大工作范围、在安全遮（围）栏外工作等
		12．杆塔上传递材料时的安全距离不符合要求，造成人员触电。如：同杆架设多回路单回停电、平行、邻近、交叉带电杆塔上工作传递工器具材料

续表

序号	评估类别	危险因素
（一）	误入、误登带电设备	13．平行、邻近、同杆架设线路附近停电作业，接触导线、架空地线时感应电，造成人员触电。如：未使用个人保安线
		14．穿越未经接地同杆架设低电压等级线路，造成人员触电
		15．电力检修（施工）作业，未能准确判断电缆运行状态、盲目作业，造成人员触电
		16．电缆接入（拆除）架空线路或开关柜间隔，误登带电杆塔或误入带电间隔，造成人员触电
（二）	误碰带电设备	1．现场使用吊车、斗臂车时，对吊车、斗臂车司机现场危险点告知及检查不规范，造成人员触电。如：未告知现场工作范围及带电部位，致使吊臂对带电导体放电等
		2．室内、室外母线分段部分、母线交叉部分及部分停电检修时忽视带电部位，造成人员触电。如：作业地点带电部位不清，误碰带电设备等
		3．现场临时电源管理不规范，造成人员触电。如：乱拉电源线，电源线敷设不规范，使用的工具、金属型材、线材误将临时电源线轧破磨伤等
		4．仪器的摆放位置不合理，造成人员触电。如：仪器摆错位置或摆放离带电设备太近等
		5．容性设备进行试验工作放电不规范，造成人员触电。如：电力电容器、电力电缆未充分放电等
		6．加压过程中失去监护，造成人员触电。如：监护人干其他工作或随意离去，注意力不集中等
		7．仪器金属外壳无保护，造成人员触电。如：外壳未接地或接地不牢等
		8．试验现场安全措施不规范，他人误入，造成人员触电。如：遮栏或围栏进出口未封闭，标示牌朝向不正确，无人看守等
		9．高压试验人员操作时未规范使用绝缘垫，造成人员触电。如：绝缘垫耐压不合格，绝缘垫太小，试验人员操作时一只脚站在绝缘垫上，另一只脚站在地面上等
		10．绝缘工器具不合格或使用不规范，造成人员触电。如：受潮、破损、超周期使用，绝缘杆未完全拉开等
		11．低压回路工作中无人监护误碰其他带电设备。如：工作人员身体裸露部分误碰带电设备等
		12．在变电站内人工搬运较长物件不规范。如：梯子、金属管材、型材未放倒搬运等
		13．检修设备的交、直流电源未断开，造成人员触电。如：未断开检修设备的控制电源或合闸电源等
		14．拖拽电缆时未做防护措施，导致与带电设备距离不够，造成人员触电

续表

序号	评估类别	危险因素
（三）	电动工器具类触电	1．电动工器具的使用不规范，造成人员触电。如：手握导线部分或与带电设备安全距离不够等
		2．电动工器具绝缘不合格，造成人员触电。如：外绝缘破损、超周期使用等
		3．电动工器具金属外壳无保护，造成人员触电。如：外壳未接地或用缠绕方式接地
（四）	倒闸操作触电	1．不具备操作条件进行倒闸操作，造成人员触电。如：设备未接地或接地不可靠，防误装置功能不全、雷电时进行室外倒闸操作、安全工器具不合格等
		2．倒闸操作过程中接触周围带电部位，造成人员触电。如：操作时误碰带电设备、操作未保证足够的安全距离等
		3．操作过程中发生设备异常，擅自进行处理，误碰带电设备触电
		4．操作人未按照顺序逐项操作，漏项、跳项操作导致触电
		5．操作时未认真执行“三核对”，走错位置，误入带电间隔，误拉刀闸，导致触电或电弧灼伤
		6．操作隔离开关过程中瓷柱折断，引线下倾，造成人身触电。如：站立位置不当、操作用力过猛绝缘子开裂或安装不牢固等
		7．操作肘型电缆分支箱、箱式变压器时触碰相邻的带电设备，造成人员触电
		8．对环网柜、电缆分支箱、箱式变压器操作时，不执行停电、验电制度，直接接触设备导电部分，造成人员触电
		9．验电器、绝缘操作杆受潮，造成人员触电。如：雨天操作没有防雨罩，存放或使用不当等
		10．装地线前不验电、放电，装、拆接地线时，方法不正确或安全距离不够，造成人员触电。如：装、拆接地线碰到有电设备，操作人与带电部位小于安全距离，攀爬设备构架等
		11．装拆临时接地线操作不当，造成人员触电。如：装设接地线时接地线触及操作人员身体、装设接地地线时误碰带电设备、装设接地操作顺序颠倒
（五）	运行维护工作触电	1．当值运维人员更换高压熔断器、贴试温蜡片、测温、卫生清扫等工作失去监护，人员误入、误登、误碰带电设备，造成人员触电
		2．当值运维人员进行更换低压熔断器、二次设备清扫、更换灯泡等工作，工器具选择不当，未与带电设备保持安全距离，造成人员触电。如：清扫设备时安全距离小于规定值、没有使用安全工器具、工具的金属部分未用绝缘物包扎等
		3．高压设备发生接地时，巡视人员与接地之间小于安全距离没有采取防范措施，造成人员触电
		4．雷雨天巡视设备时，靠近避雷针、避雷器，遇雷反击，造成人员触电

续表

序号	评估类别	危险因素
（五）	运行维护工作触电	5．夜间巡视设备时，巡视人员因光线不足，误入带电区域，造成人员触电
		6．汛期巡视设备时，安全用品、设备失效，造成人员触电
（六）	交流低压触电	1．电流互感器二次回路开路，造成人员触电。如：试验短接线脱落、TA 二次绕组切换步骤不正确等
		2．电压互感器二次回路上取放熔丝、测量电压、拆接线工作不规范，造成人员触电。如：未使用绝缘工具，未戴手套等
		3．工作中试验方法不当，造成人员触电。如：接错线、试验表计未调至零位或未断开电源等
		4．工作人员改接试验线时，未采取措施，造成人员触电
		5．工作人员在二次回路加压，操作错误，造成人员触电。如：误合电压回路的空气开关，应断开的电压端子未断开等
		6．带电收放临时电源线（保护用接地线），造成人员触电。如：未断开临时电源，线碰带电部位等
		7．绝缘电阻表输出误碰他人和自己，造成人员触电。如：试验线有裸露部分、有其他人员在摇测绝缘的回路上工作、摇测绝缘时作业人员触及输出端子等
		8．工作中误触相邻运行设备带电部位。如：同屏布置的二次设备检修时，相邻的运行设备未做安全隔离措施等
（七）	直流低压触电	1．直流回路上工作未采取防护措施，造成人员触电。如：未使用绝缘工具，未戴手套等
		2．直流回路上工作，应断开电源的未断开，造成人员触电。如：操作电源、信号电源、测控电源未断开等
（八）	其他类触电	1．变电站内一次高压设备拆、接引线不规范，造成人员触电。如：引线未接地、未戴绝缘手套、引线甩动、反弹幅度过大等
		2．在变电站内一次高压设备上工作，因感应电造成人员触电。如：未装设临时接地保护线或无其他保护措施等
		3．动火工作过程不规范，造成人员触电。如：动火用具与带电设备安全距离不够，在较潮湿的环境条件下进行电焊作业
		4．雷雨天气在变电站内工作未采取安全措施
		5．门卫制度不严格，造成他人进入变电站触电。如：外来工作人员随意进入变电站，导致与带电部位距离不满足安全要求或误入带电间隔
		6．进行设备验收工作时，人与带电部位距离小于安全距离，造成人身触电
		7．绝缘斗臂车工作位置选择不当，绝缘部位与带电距离不够，导致相间短路
		8．带电作业人员不熟悉带电操作程序，导致触电

续表

序号	评估类别	危险因素
二		高空坠落
（一）	登塔、登杆作业	1．高处作业时防止高处坠落的安全控制措施不充分、高处作业时失去监护或监护不到位，造成人员高处坠落
		2．个人安全防护用品使用不当，造成人员高处坠落。如：使用不合格的安全帽或安全帽佩戴不正确、高处作业使用不合格的安全带或使用方法不正确，在登杆、登塔中不能起到防护作用等
（二）	绝缘子、导线上工作	1．更换绝缘子时，绝缘子锁紧销脱落等，造成人员高处坠落
		2．链条葫芦使用不规范，导致绝缘子掉串，造成人员高处坠落。如：超载、制动装置失灵等
		3．更换绝缘子时，滑轮组使用不规范，造成人员高处坠落。如：滑轮组绳强度不足、过载等
（三）	构架上工作	1．构架上有影响攀登的附挂物，造成人员高处坠落。如：照明灯、标示牌、支撑架、拉线等
		2．攀登时，爬梯金属件或支撑物不符合要求，造成人员高处坠落。如：金属件缺失、松动、脱焊、锈蚀严重、支撑物埋设松动
		3．构架上移位方法不正确，失去防护，造成人员高处坠落。如：未正确使用双保险安全带，手未扶构件或手扶的构件不牢固，踩点不正确或踏空等
		4．焊、割工作中防护措施不当，造成人员高处坠落。如：安全带系挂在焊、割构件上或焊、割点附近及下风侧，工作人员在下风侧等
（四）	使用软梯在软母线上工作	1．梯头及软梯本身不符合要求，造成人员高处坠落。如：封口损坏、连接松动、脱焊、裂纹，软梯腐蚀、构股、断股、挂钩保险损坏等
		2．软梯架设不稳固或攀登方法不正确，造成人员高处坠落。如：软梯与梯头连接不牢固，梯头与母线挂接不可靠，软梯不稳；跳跃攀登、双手未抓牢主绳、脚未踩稳等
		3．梯头挂接不可靠或防护措施不当，造成人员高处坠落。如：梯头封口未可靠封闭，且安全带未系在母线上等
（五）	使用梯子攀登或在梯子上工作	1．梯子本身不符合要求，造成人员高处坠落。如：构件连接松动、严重腐（锈）蚀、变形；防滑装置（金属尖角、橡胶套）损坏或缺失、无限高标志或不清晰、绝缘梯绝缘材料老化、劈裂；升降梯控制爪损坏、人字梯铰链损坏、限制开度拉链损坏或缺失等
		2．梯子放置不符合要求，造成人员高处坠落。如：角度不符合要求、不稳固；梯子架设在滑动的物体上、人字梯限制开度拉链未完全张开；升降梯控制爪未卡牢，靠在软母线上的梯子上端未固定等
		3．上、下梯子防护措施不当造成坠落。如：无人扶梯、未穿工作鞋、脚未踩稳、手未抓牢、面部朝向不正确等

续表

序号	评估类别	危险因素
（五）	使用梯子攀登或在梯子上工作	4. 在梯上工作时，梯子使用不当或在可能被误碰的场所使用梯子未采取措施，造成坠落。如：站位超高、总质量超载、梯子上有人时移动梯子、在通道、门（窗）前使用梯子时被误碰等
		5. 水平梯使用方法不正确、失去防护，造成人员高处坠落。如：梯子固定不可靠或超载使用，导致水平梯脱落或断裂，且未使用双保险安全带等
（六）	脚手架上工作	1. 脚手架本身不符合要求，造成人员高处坠落。如：组件腐蚀、拆裂、严重机械损伤；组件裂纹、严重锈蚀、变形、弯曲；木（竹）制脚手板厚度不合要求；安全网网绳、边绳、筋绳断股、散股及严重磨损，连接不牢；脚手架的承重不符合要求
		2. 脚手架上工作面湿滑及防护措施不当，造成人员高处坠落。如：工作面有油污、冰雪、鞋底有油污、无上下固定梯子、在高度超过1.5m没有栏杆的脚手架上工作未使用安全带等
（七）	斗臂车（含曲臂式升降平台）上工作	1. 斗臂车本身不符合要求，造成工作斗下落，人员高处坠落。如：结构变形、裂缝或锈蚀；零部件磨损或变形；气（电）动、液压保险、制动装置失灵；螺栓和其他紧固件松动；焊接部位开裂纹、脱焊；铰接点的销轴装置脱落等
		2. 斗臂车不稳固造成倾覆，人员高处坠落。如：地面松软、支撑不稳定
		3. 工作方法不正确，造成人员高处坠落。如：发动机熄火；下部人员误操作，且绝缘斗中工作人员未系安全带，导致绝缘斗中人员被其他物件碰挂等
（八）	电缆竖井作业	电缆竖井内设施不符合要求，工作方法不正确，造成人员高处坠落。如：爬梯或电缆支架缺失、松动、脱焊、锈蚀严重；上下爬梯脚未踩稳、登高工作中未使用安全带等
（九）	变压器顶盖上工作	变压器顶盖工作面湿滑，造成人员高处坠落。如：变压器顶盖有油污、鞋底有油污等
三	物体打击	
（一）	高处作业现场	高空落物伤人。如：不正确佩戴安全帽、围栏设置和传递工具材料方法不正确等
（二）	工作平台及脚手架	垮塌或落物伤人。如：工作平台、脚手架四周没有设置围网，杆脚搭设在不稳固的鹅卵石上等
（三）	电气操作	1. 操作隔离开关过程中，瓷柱折断伤人，操作把手断裂伤人。如：瓷柱有裂纹损伤，操作用力过猛等，操作把手有裂纹损伤等
		2. 操作时，安全工器具掉落伤人。如：绝缘罩、绝缘板或地线杆等掉落
（四）	安装、检修隔离开关、断路器等变电设备	设备支柱绝缘子断裂或倾倒砸伤人。如：设备本身质量有问题，焊接部位不牢；工作人员违章工作将安全带打在套管绝缘子或支柱绝缘子上等
（五）	搬运设备及物品	重物失去控制伤人。如：搬运各种保护屏、柜、试验仪器、设备等

续表

序号	评估类别	危险因素
（六）	更换绝缘子	绝缘子掉串伤人。如：绝缘子没有连接好突然掉落、控制绝缘子的绳子突然松掉等
（七）	压力容器	喷出物或容器损坏伤人
（八）	装运水泥杆、变压器、线盘	水泥杆、变压器、线盘砸伤人。如：抬水泥杆时，水泥杆突然掉落；堆放水泥杆时，水泥杆突然滚动等
（九）	线路拆线	倒塔和断线时伤人。如：倒杆（塔）、断杆砸伤人，断线时跑线抽伤人
（十）	立、撤杆塔	杆塔失控伤人。如：揽风绳、叉杆失控引起倒杆塔等
（十一）	水泥杆底、拉盘施工、铁塔水泥基础施工	起吊或放置重物措施不当伤人。如：安放杆塔或拉线底盘时杆坑内有人工作等
（十二）	放、紧线及撤线	导线失控伤人。如：导线抽出伤人，手被导线挤伤、压伤等
（十三）	砍剪树竹	树竹失控伤人。如：被倒下的树木或朽树枝砸伤等
（十四）	敷设电缆	人员绊伤、摔伤、传动挤伤
（十五）	挖掘电缆沟	安全措施不当，导致伤人
（十六）	电缆头制作	操作不规范、措施不当，导致物体打击。如：坑、洞内作业未设置安全围栏等
四	机械伤害	
（一）	操作钻床、台钻等机械设备	设备防护设施不全，造成人员伤害。如：缺少防护罩、防护屏、使用钻床戴手套等
（二）	开关设备的储能机构、装置检修	机械故障导致的能量非正常释放，造成人员伤害。如：弹簧、测量杆伤人等
（三）	砍剪树竹	使用的工器具质量不合格、操作不当或失控，造成人员伤害。如：油锯金属碎片飞出、锯掉的木屑、卡涩引起的转动异常、碰金属物、用力过猛误伤等
（四）	敷设电缆	展放电缆挤压伤人，或使用电缆刀剥导线时伤人，造成人员伤害
（五）	起重机械	吊车起重作业措施不当失控伤人，造成人员伤害。如：翻车、千斤断裂或系挂点脱落、起吊回转范围内有人等
五	特殊环境作业	
（一）	夜晚、恶劣天气作业	1．夜晚高处作业，工作场所照明不足，导致事故
		2．恶劣气候条件下，在杆塔上作业或开展带电作业未采取有效的保障措施，导致事故。如：雨、雾、冰雪、大风、雷电、高温、高寒等天气
（二）	有限空间作业	1．未对从业人员进行安全培训，或培训教育考试不合格，导致人身伤害
		2．未严格实行作业审批制度，擅自进入有限空间作业，导致人身伤害

续表

序号	评估类别	危险因素
（二）	有限空间作业	3．未做到“先通风、再检测、后作业”，或者通风、检测不合格，照明设施不完善，导致人身伤害
		4．未配备防中毒窒息防护设备、安全警示标示，无防护监护措施，导致人身伤害
		5．未制定应急处置措施，作业现场应急装置未配备或不完整，作业人员盲目施救，导致人身伤害和衍生事故
六	误操作	
（一）	电气设备防误装置	1．设备固有防误装置
		（1）防误闭锁装置功能不正常、强行解锁，造成误操作。如：程序出错、逻辑关系错误、锁具或钥匙失灵等
		（2）防误闭锁装置不完善，造成误操作。如：闭锁有漏点、没加挂机械锁等
		（3）无法验电的设备、联络线设备的电气闭锁装置不可靠，造成误操作。如：高压带电显示装置提示错误、高压带电显示闭锁装置闭锁失灵等
		2．防误装置逻辑和软件系统
		（1）防误装置有逻辑死区，造成误操作。如：逻辑关系漏编等
		（2）计算机监控系统中没有防误闭锁功能或功能不完善，造成误操作。如：操作程序漏编、错编等
		（3）远方遥控操作，未实现对受控站的远方防误操作闭锁，造成误操作。如：未配置闭锁、闭锁未连接、逻辑关系设置错误或有遗漏等
		（4）防误装置主机发生故障时无法恢复数据或与实际不符，造成误操作。如：数据无备份、信息变更时数据备份不及时等
（二）	运维专业误操作	1．人员行为导致误操作
		（1）操作人员、检修维护人员未做到“三懂二会”（懂防误装置的原理、性能、结构；会操作、维护），造成误操作
		（2）操作及事故处理时注意力不集中、精力分散或过度紧张，造成误操作
		（3）无调度指令或调度指令错误，造成误操作。如：无调度指令操作，操作任务不清、漏项、错项等
		（4）无操作票或操作票错误，造成误操作。如：无操作票、操作票漏项、错项等
		（5）倒闸操作没有按照顺序逐项操作，未进行“三核对”或现场设备没有明显标志，造成误操作。如：漏项或跳项操作，操作前未核对设备名称、编号和位置，操作设备无命名、编号、转动方向及切换位置的指示标志或标志不明显等
		（6）操作任务不明确，调度术语不标准、联系过程不规范，造成误操作。如：操作目的不清、调度术语不确切、未互报单位和姓名、未复诵等

续表

序号	评估类别	危险因素
（二）	运维专业误操作	（7）设备检修、验收或试验过程中，误分合隔离开关或接地隔离开关，造成误操作。如：未按规定加锁、擅自操作、验收操作时未核对设备等
		（8）操作时走错间隔，造成误分、合断路器，误带电挂接地线，造成误操作
		（9）验电器选择或使用不当，造成误操作。如：验电器电压等级与实际不符、验电器损坏、验电位置错误等
		（10）装设接地线未按程序进行，带电挂接地线，造成误操作。如：未验电、验电后未立即装设接地线等
		（11）交、直流电压小开关误投、误退，造成误操作
		（12）电流互感器二次端子接线与一次设备方式不对应，造成误操作。如：二次端子操作顺序错误等
		（13）切换保护压板未考虑保护和自动装置联跳回路影响，造成误操作。如：母差保护回路、失灵联跳回路、负荷联切回路、备自投装置、跳闸压板切换等误（漏）投、退等
		（14）两个系统并列操作时，未同期合闸，造成误操作。如：同期装置故障、非同期并列等
		（15）智能变电站软压板在后台监控机进行操作时，运行人员误投、退软压板造成误操作。如：误进入临近回路间隔
		（16）智能变电站软压板操作顺序错误造成保护误动。如：母差保护压板恢复时，误操作检修状态硬压板、保护出口软压板等
		（17）智能变电站操作时误操作开关分、合闸把手，易造成控制回路断线。如：操作智能终端分合闸把手时，误操作断路器机构操作把手
		2．运维管理不当导致误操作
		（1）一次系统模拟图（或计算机系统模拟图）与现场设备或运行方式不一致，造成误操作。如：运行方式改变时，设备和编号变更时未及时变更模拟图等
		（2）解锁钥匙管理不规范，造成误操作。如：擅自使用、超范围使用、未及时封存、私藏解锁钥匙等